校企合作机械类专业精品教材

金工实习

主审　吴京霞

主编　陈国俊　李亚林　陈　兵

教·学
资源

航空工业出版社

北　京

内 容 提 要

本书依据国务院印发的《国家职业教育改革实施方案》的相关要求，结合职业教育教学标准编写而成，对金工实习的相关知识进行了全面讲解。全书共七个项目，分别为铸造、焊接、钳工、车工、铣工、数控加工、电火花线切割加工与激光加工。

本书注重理论与实践相结合，突出培养学生的综合职业素养，可作为高等职业院校机械设计制造类、机械设备类、自动化类等机械及近机类相关专业的教材。

图书在版编目（CIP）数据

金工实习 / 陈国俊，李亚林，陈兵主编. -- 北京：
航空工业出版社，2024.7
ISBN 978-7-5165-3717-6

Ⅰ. ①金… Ⅱ. ①陈… ②李… ③陈… Ⅲ. ①金属加
工－实习－高等职业教育－教材 Ⅳ. ①TG-45

中国国家版本馆 CIP 数据核字(2024)第 059288 号

金工实习
Jingong Shixi

航空工业出版社出版发行
（北京市朝阳区京顺路 5 号曙光大厦 C 座四层　100028）
发行电话：010-85672666　　010-85672683

捷鹰印刷（天津）有限公司印刷　　　全国各地新华书店经售
2024 年 7 月第 1 版　　　　　　　2024 年 7 月第 1 次印刷
开本：880×1230　1/16　　　　　　字数：340 千字
印张：11.25　　　　　　　　　　　定价：45.00 元

前言 FOREWORD

随着科技的快速发展，社会对工程技术人员的要求越来越高，因此为了适应社会的需求，培养既有扎实的理论基础，又有熟练的操作技能的工程技术人员，我们结合机械设计制造类、机械设备类、自动化类等机械及近机类相关专业的培养目标及近几年的教学实践经验，精心编写了本书。

本书主要具有以下特色。

1. 立德树人，德技并修

党的二十大报告指出："育人的根本在于立德。"本书积极贯彻党的二十大精神，有机融入"价值塑造、能力培养、知识传授"三位一体的育人理念，将素质教育潜移默化地融入教学过程。例如，本书在每个项目中设置了"工匠精神"模块，讲述了与本项目内容相关的先进人物事迹，以培养学生无私奉献、爱岗敬业、细致认真、精益求精、拼搏创新的工匠精神，帮助学生树立正确的世界观、人生观、价值观。

2. 校企合作，注重实用

在编写本书的过程中，编者深入多所学校和企业进行调研，充分融合岗位的实际技能需求与职业教育教学特色，使理论知识和实际岗位有机结合，力求让学生学以致用。

3. 任务驱动，理实一体

为了强化理实一体，突出"做中学、学中做"的职业教育特色，本书采用项目任务式体例进行编写。全书分为若干个项目，每个项目设有多个任务，每个任务以任务引入、相关知识、任务实施的结构安排内容。

任务引入：以实际案例、情景故事等引出任务内容，让学生初步了解所学知识，激发学生的学习兴趣。

相关知识：以"实用、够用"为原则，深入浅出、通俗易懂地介绍本任务的知识内容。

任务实施：以相关岗位所需的知识和技能为出发点，设置了"制造砂型""焊接低碳钢管""加工六角螺母""车阶梯轴"等实施内容，以培养学生的实践能力，体现职业教育的特色。

4. 强化成果，提升技能

本书以目标为导向，将过程化考核有机地融入每个项目中，以强化教学成果，并引领学生进一步提升实操技能。

首先，本书在每个项目的开头明确了本项目所要达成的知识目标、技能目标和素质目标，让学生有目的地开展理论学习和实践活动。

然后，本书在每个项目的最后设置了"项目综合实训""项目考核"和"项目评价"。其中，"项目综

合实训"，通过综合实操项目，帮助学生熟悉操作流程，增强实践能力；"项目考核"，通过习题考核学生对本项目理论知识的理解程度与掌握情况，可帮助学生查漏补缺；"项目评价"，分别从知识、技能、素养三方面对学生的学习成果进行评价，可辅助教师进行过程考核，也可辅助学生总结经验、提升技能。

5. 活页理念，灵活教学

为了适应职业教育改革的新形势，本书附赠了实习工单，学生利用每个项目的实习工单，可以制订工作计划，记录实习内容和遇到的问题，培养自主学习的意识和能力。同时，教师也可通过学生提交的实习工单，了解学生对知识点的理解程度和对学习计划的执行情况。

6. 标准对接，课证融通

本书相关内容对接最新的国家标准和行业标准，从而保证了知识点的规范性和时效性。为满足职业院校"1+X"证书制度的需求，本书参考国家相关职业技能鉴定标准和规范，实现了课程内容与职业证书的融通。

7. 模块丰富，图文结合

本书在正文中穿插了"知识链接""小提示"模块，补充介绍与知识点相关的拓展知识和注意事项，帮助学生更好地理解相关内容，同时拓宽学生视野。另外，本书还配有丰富、精美的示意图和实物图，不仅可以帮助学生直观地理解相关知识，还可以增强教材的可读性。

8. 平台支撑，资源丰富

本书配有丰富的数字资源，读者可以借助手机或其他移动设备扫描二维码观看微课视频，也可以登录文旌综合教育平台"文旌课堂"查看和下载本书配套资源，如教学课件、课后习题答案等。读者在学习过程中有任何疑问，都可以登录该平台寻求帮助。

此外，本书还提供了在线题库，支持"教学作业，一键发布"，教师只需要通过微信或"文旌课堂"App 扫描扉页二维码，即可迅速选题、一键发布、智能批改，并查看学生的作业分析报告，提高教学效率、提升教学体验。学生可在线完成作业，巩固所学知识，提高学习效率。

本书由吴京霞担任主审，陈国俊、李亚林和陈兵担任主编，黎文龙、刘宁、曹杰、刁国诗、朱经睿、谢强和崔先虎担任副主编。在编写过程中，编者参考了大量资料并引用了部分文章和图片。这些引用的资料大部分已获授权，但由于部分注明来源的资料来自网络，我们暂时无法联系到原作者。对此，我们深表歉意，并欢迎原作者随时与我们联系，我们将按规定支付酬劳。

由于编者水平有限，书中难免存在疏漏或不当之处，敬请广大读者批评指正。

> 🔍 | **本书配套资源下载网址和联系方式**
>
> 🌐 **网址**：https://www.wenjingketang.com
> 📞 **电话**：400-117-9835
> ✉️ **邮箱**：book@wenjingketang.com

目 录
CONTENTS

项目一 铸造 ·· 1

任务一 制造砂型 ·· 2
　任务引入 ·· 2
　一、铸造概述 ·· 2
　二、造型材料 ·· 3
　三、造型、造芯与合型 ·· 4
　四、安全操作要求 ·· 6
　任务实施——制造砂型 ·· 6

任务二 铸造铸件 ·· 9
　任务引入 ·· 9
　一、熔炼 ·· 9
　二、浇注 ·· 10
　三、落砂、清理与检验 ······································ 12
　任务实施——铸造铸件 ······································ 12

项目综合实训——铸造轴类零件 ······························ 14
项目考核 ·· 15
项目评价 ·· 17

项目二 焊接 ·· 18

任务一 认识焊接 ·· 19
　任务引入 ·· 19
　一、焊接的分类及特点 ······································ 19
　二、焊接的相关概念 ·· 20
　三、焊接的注意事项 ·· 22
　任务实施——参观焊接实训室 ································ 23

任务二 认识焊条电弧焊 ······································ 25
　任务引入 ·· 25
　一、焊条电弧焊概述 ·· 25
　二、弧焊电源及焊接用具 ···································· 26
　三、焊条 ·· 28
　四、焊条电弧焊的焊接工艺参数 ······························ 29

五、焊条电弧焊的基本操作 ··· 30

任务实施——焊接对接接头的钢板 ··· 33

任务三　认识气焊 ·· 34

任务引入 ·· 34

一、气焊概述 ·· 35

二、气焊设备 ·· 35

三、气焊材料与气焊火焰 ··· 37

四、气焊的基本操作 ··· 38

任务实施——焊接低碳钢管 ·· 39

项目综合实训——焊接钢板 ··· 41

项目考核 ·· 42

项目评价 ·· 44

项目三　钳工 ·· 45

任务一　认识钳工 ·· 46

任务引入 ·· 46

一、常用设备 ·· 46

二、常用量具 ·· 49

任务实施——参观钳工实训室 ·· 53

任务二　划线、锯削、錾削、锉削 ·· 54

任务引入 ·· 54

一、划线 ·· 54

二、锯削 ·· 57

三、錾削 ·· 59

四、锉削 ·· 62

任务实施——加工六角工件 ·· 65

任务三　孔加工、螺纹加工 ·· 68

任务引入 ·· 68

一、孔加工 ·· 68

二、螺纹加工 ·· 71

任务实施——加工六角螺母 ·· 73

项目综合实训——加工锤头 ··· 74

项目考核 ·· 75

项目评价 ·· 77

项目四　车工 ·· 78

任务一　认识车工 ·· 79

任务引入 ·· 79

一、车工概述 ·· 79

二、车床 ·· 81

三、车刀 ………………………………………………………………………… 84

任务实施——车床日常维护 …………………………………………………… 87

任务二　车外圆、端面与台阶 …………………………………………………… 88

任务引入 ………………………………………………………………………… 88

一、车外圆 ……………………………………………………………………… 88

二、车端面 ……………………………………………………………………… 89

三、车台阶 ……………………………………………………………………… 90

任务实施——车阶梯轴 ………………………………………………………… 91

任务三　车沟槽、切断与车圆锥面 ……………………………………………… 92

任务引入 ………………………………………………………………………… 92

一、车沟槽 ……………………………………………………………………… 92

二、切断 ………………………………………………………………………… 93

三、车圆锥面 …………………………………………………………………… 94

任务实施——车圆锥轴 ………………………………………………………… 98

任务四　孔加工与车螺纹 ………………………………………………………… 99

任务引入 ………………………………………………………………………… 99

一、孔加工 ……………………………………………………………………… 99

二、车外螺纹 …………………………………………………………………… 101

三、车内螺纹 …………………………………………………………………… 103

任务实施——车轴套 …………………………………………………………… 104

项目综合实训——加工锤柄 ……………………………………………………… 106

项目考核 ……………………………………………………………………………… 107

项目评价 ……………………………………………………………………………… 109

项目五　铣工 ………………………………………………………………………… 110

任务一　认识铣工 ………………………………………………………………… 111

任务引入 ………………………………………………………………………… 111

一、铣工的工艺范围 …………………………………………………………… 111

二、铣工的切削用量 …………………………………………………………… 112

三、铣床 ………………………………………………………………………… 113

四、铣刀 ………………………………………………………………………… 117

任务实施——安装圆柱铣刀 …………………………………………………… 118

任务二　铣平面和斜面 …………………………………………………………… 120

任务引入 ………………………………………………………………………… 120

一、铣平面 ……………………………………………………………………… 121

二、铣斜面 ……………………………………………………………………… 122

任务实施——铣五棱柱 ………………………………………………………… 124

任务三　铣沟槽 …………………………………………………………………… 125

任务引入 ………………………………………………………………………… 125

一、铣直角通槽 ………………………………………………………………… 125

二、铣半通槽和封闭槽 ·························· 127

三、铣 V 形槽 ···································· 127

任务实施——铣 V 形块 ························ 129

项目综合实训——铣压板零件 ·························· 130

项目考核 ··· 131

项目评价 ··· 133

项目六　数控加工　　　　　　　　　　　　　　　　134

任务一　认识数控车工 ······························ 135

任务引入 ··· 135

一、数控加工概述 ·································· 135

二、数控车床 ·· 136

三、数控车床的程序基础 ·························· 139

四、数控车工的功能指令 ·························· 140

五、数控车工的加工步骤 ·························· 142

任务实施——加工短轴 ························ 144

任务二　认识数控铣工 ······························ 146

任务引入 ··· 146

一、数控铣床 ·· 146

二、数控铣工的功能指令 ·························· 147

任务实施——加工不规则零件 ················ 149

项目综合实训——加工卡通图案工件 ··············· 152

项目考核 ··· 154

项目评价 ··· 155

项目七　电火花线切割加工与激光加工　　　　　156

任务一　认识电火花线切割加工 ··················· 157

任务引入 ··· 157

一、电火花线切割加工概述 ······················ 157

二、电火花线切割加工的操作步骤 ··············· 160

任务实施——编制样板零件的加工程序 ······· 161

任务二　认识激光加工 ······························ 162

任务引入 ··· 162

一、激光加工概述 ·································· 163

二、激光加工的操作步骤 ·························· 164

任务实施——激光加工十字图案 ··············· 165

项目综合实训——加工五角星图案 ··············· 166

项目考核 ··· 168

项目评价 ··· 170

参考文献 ··· 171

项目一
铸 造

项目导读

　　铸造作为一种传统而重要的制造工艺，在我国已有几千年的历史。在我国出土的古代文物中，大量生产工具和生活用品就是铸造而成的，如西周晚期的散氏盘、东汉时期的马踏飞燕等。如今，铸造在工业生产中仍然占有重要地位，广泛应用于汽车、机械、建筑、航空航天等领域。

　　本项目将带大家了解铸造的相关基础知识及铸造中常用的砂型铸造。

知识目标

　　◆　了解铸造的定义和特点。
　　◆　掌握制造砂型的操作方法。
　　◆　掌握铸造铸件的操作方法。

技能目标

　　◆　能够铸造出简单零件。

素质目标

　　◆　养成勤学上进、科学严谨的工作作风。
　　◆　践行服从纪律、团结协作的团队精神。

任务一 制造砂型

 **任务引入**

小王是一个勤奋好学的年轻人，对金属铸造工艺充满了兴趣。他渴望成为一名出色的铸造工人，为社会发展贡献自己的力量。小王的父亲是一位经验丰富的铸造工匠，在父亲的指导下，小王了解了铸造的基础知识和技术，学会了制作模具、熔炼金属及浇注的技巧，还了解了如何选择合适的浇注温度，以确保产品的最终质量。然而，他并不满足于学习父亲的经验，还渴望掌握更多的知识和技巧。于是，他考上了当地有名的职业院校进行系统学习。

在学校里，小王在老师的指导下学习了如何精确地设计和制作模具，掌握了更高级的铸造技术。他不仅学会了如何优化铸造工艺，以铸造出复杂的零件，还学会了如何清理和检验铸件的表面，以确定铸件是否符合要求。毕业时，他成了一名优秀的毕业生，被各大公司争相聘用。

想一想：常用的铸造材料有哪些？铸造包括哪些操作步骤？

一、铸造概述

铸造是将金属熔炼成符合一定要求的金属液，并将其浇注到铸型中，经冷却、凝固、清理，得到预定形状、尺寸和性能的铸件的工艺过程。铸造毛坯因为近乎成形，所以达到了免机械加工或减少加工的目的，降低了成本，并在一定程度上缩短了制作时间。铸造是现代制造业的基础工艺之一。

铸造

 点 拨

铸造中的铸型是容纳金属液并使金属液按照型腔形状凝固成形，从而获得一定形状铸件的模样。根据造型材料的不同，常用的铸型可分为砂型和金属型两种。

铸造具有较强的工艺适应性，可用于制造结构复杂、尺寸多样的零件或毛坯。同时，铸造材料多种多样，钢、铸铁、非铁金属及其合金等都可以用于铸造。由于铸造是将金属熔化至熔融状态进行浇注的，因此可以利用回收的废旧材料和产品进行铸造，从而节约成本。但是，铸造工艺复杂，生产周期长，有些工艺难以控制，铸件可能存在气孔、夹渣、缩孔、晶粒粗大等铸造缺陷，且铸件的力学性能比锻件低，限制了铸件的应用范围。

应用最广泛的铸造方式是砂型铸造。砂型铸造是将金属液浇入砂型中进而生产出铸件的铸造方式。砂型所用的造型材料价廉易得且制造简便，砂型铸造适用于铸件的单件生产和成批生产（包括小批生产、中批生产和大批生产）和大量生产，是铸造中的基本工艺。除砂型铸造外，铸造方式还包括熔模铸造、消失模铸造、金属型铸造、陶瓷型铸造等，它们统称为特种铸造。

本项目主要介绍砂型铸造。采用砂型铸造来生产零件或毛坯时，一般先制造砂型，再将金属液浇注到砂型中使铸件成形。制造砂型前，需要了解造型材料，造型、造芯与合型的方法，以及安全操作要求。

二、造型材料

制造砂型与砂芯（也称为型芯）的材料称为造型材料。其中，制造砂型的材料称为型砂，制造砂芯的材料称为芯砂。

1. 型砂和芯砂的组成

型砂和芯砂是由原砂、黏结剂、附加物和水按一定比例配制而成的。

1）原砂

符合一定技术要求的、可作为铸造用砂的天然矿砂称为原砂。原砂是耐高温材料，是型砂和芯砂的主体。常用二氧化硅含量较高的硅砂或海（河）砂作为原砂。

2）黏结剂

黏结剂的主要作用是使砂粒黏结，从而使型砂具有一定的强度和可塑性。黏结剂可分为黏土类黏结剂、有机类黏结剂和无机类黏结剂。

（1）黏土类黏结剂包括普通黏土和膨润土，是常用的黏结剂。

（2）有机类黏结剂包括合成树脂和桐油。

（3）无机类黏结剂包括水玻璃和水泥。

3）附加物

附加物包括煤粉、锯木屑、滑石粉、细石英砂、固化剂等。加入附加物的目的是使型砂和芯砂具有某些特殊性能。例如，煤粉的作用是防止粘砂，降低铸件的表面粗糙度；锯木屑的作用是提高型砂和芯砂的透气性和退让性。

2. 型砂和芯砂的性能要求

型砂和芯砂由于在铸造过程中要经过春砂、搬运，以及金属液的冲刷等，因此要求必须具有以下性能。

1）较高的强度

型砂和芯砂在造型后，由于搬运或金属液冲刷会受到外力作用，因此应具有较高的强度，能够承受外力而不致被破坏。

2）一定的透气性

高温金属液浇入砂型后，由于水分汽化为高温过热蒸汽，以及空气受热膨胀，型腔内会充满大量气体，因此型砂和芯砂必须具有一定的透气性，从而避免铸件内形成气孔或浇不足的现象。

3）一定的耐火性

型砂和芯砂应具有一定的耐火性，从而在使用过程中经历高温作用时不熔化、不烧结、不软化，并且还能保持原有性能。原砂中二氧化硅的含量越高、杂质越少，其耐火性越好。

4）良好的可塑性

型砂和芯砂应具备良好的可塑性，即在外力作用下可发生变形，并在去除外力后仍能完整保持变形的能力。良好的可塑性能够使造型操作方便，砂型尺寸与形状准确。

5）良好的退让性

铸件在凝固和冷却过程中会发生收缩，具有良好退让性的型砂和芯砂能相应地被挤压变形，而不阻碍铸件的收缩。若型砂和芯砂的退让性差，则铸件易产生内应力、变形或裂纹等缺陷。因此，在铸造一些收缩性较大的大型铸件时，为提高型砂和芯砂的退让性，应加入锯木屑、草屑等附加物。

三、造型、造芯与合型

1．造型

造型是用型砂及模样等工艺装备制造砂型的过程，是铸造中最主要的工序。造型可分为手工造型和机器造型。

1）手工造型

手工造型是用手工或手动工具完成造型操作的方法。手工造型操作灵活，工艺装备简单，但生产效率低，劳动强度大，它适用于单件或小批生产。

2）机器造型

机器造型是用机械全部或部分完成造型操作的方法。与灵活多变的手工造型相比，机器造型能提高生产效率，提高铸件的尺寸精度，降低铸件的表面粗糙度，降低劳动强度，但是设备及工艺装备费用高，生产准备时间长，它仅适用于成批或大量生产。

 知识链接

> 机器造型的实质是用机械进行紧砂和起模。根据砂型的紧砂方式不同，机器造型可分为振压式造型、高压造型、射压造型和静压造型等。

2．造芯

造芯是用芯砂及芯骨等装备制造砂芯的过程。砂芯的主要作用是形成铸件的内腔或局部外形。

1）手工制作砂芯的方法

手工制作砂芯的方法包括芯盒制芯和刮板制芯。由于芯盒制芯较为常见，因此这里主要介绍芯盒制芯，芯盒的空腔形状与铸件的内腔相对应。根据芯盒的结构不同，手工制作砂芯的方法通常分为整体式芯盒制芯、对开式芯盒制芯和可拆式芯盒制芯三种。

（1）整体式芯盒制芯主要用于制作形状简单的中、小型砂芯，其过程如图 1-1 所示。

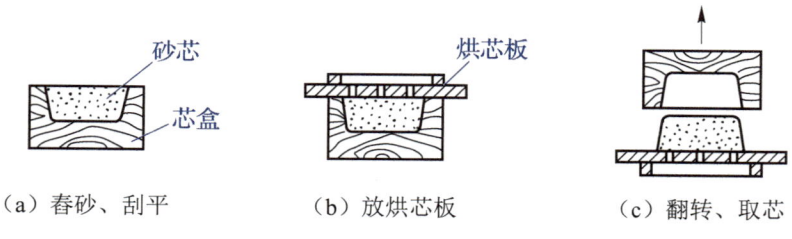

（a）舂砂、刮平　　　（b）放烘芯板　　　（c）翻转、取芯

图 1-1　整体式芯盒制芯的过程

（2）对开式芯盒制芯主要用于制作形状对称的大、中型砂芯，其过程如图 1-2 所示。

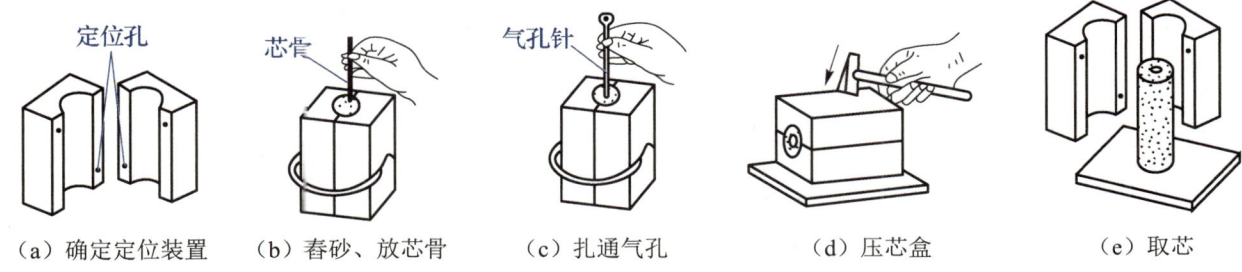

（a）确定定位装置　　　（b）舂砂、放芯骨　　　（c）扎通气孔　　　（d）压芯盒　　　（e）取芯

图 1-2　对开式芯盒制芯的过程

（3）可拆式芯盒制芯主要用于制作形状较复杂的砂芯，其过程如图 1-3 所示。

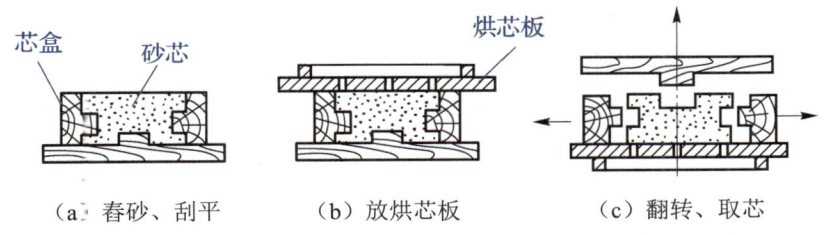

（a）舂砂、刮平　　　（b）放烘芯板　　　（c）翻转、取芯

图 1-3　可拆式芯盒制芯的过程

2）造芯工艺

在造芯过程中，为满足砂芯的性能要求，需要采取以下工艺措施。

（1）放芯骨。砂芯中应放入芯骨以提高强度，小型砂芯的芯骨可用铁丝制作；大、中型砂芯的芯骨可用铸铁制作；有时为了方便吊运砂芯，还会在芯骨上制作吊环，如图 1-4 所示。

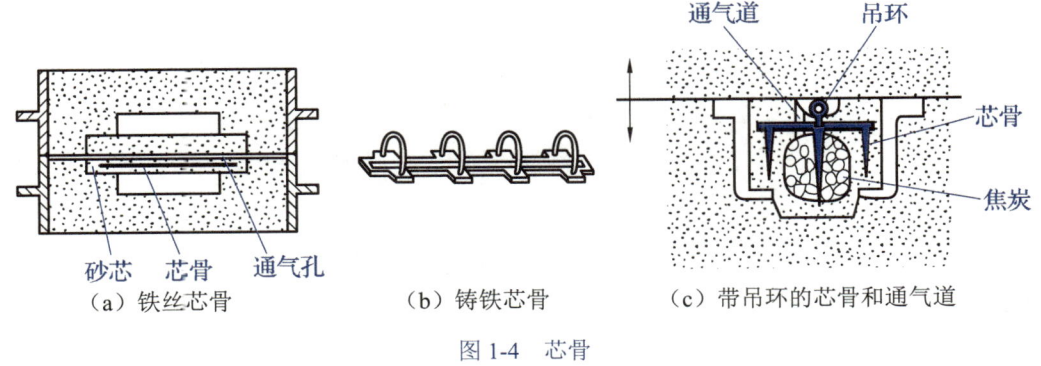

（a）铁丝芯骨　　　　　（b）铸铁芯骨　　　（c）带吊环的芯骨和通气道

图 1-4　芯骨

（2）开通气道或通气孔。在砂芯中做出通气道或通气孔，可提高砂芯的透气性。通气道或通气孔一定要与砂型出气孔接通。形状简单的小型砂芯可用气孔针扎出通气孔；大、中型及形状复杂的砂芯可采取埋蜡线或放入焦炭的方式开通气道。

（3）刷涂料。在砂芯表面刷一层涂料，可提高耐高温性能，改善铸件内腔质量，防止铸件粘砂。铸铁件多用石墨粉涂料，铸钢件多用石英粉、锆英粉涂料。

（4）烘干。烘干可以去除砂芯中的水分，提高其强度和透气性，减少发气量。黏土砂芯的烘干温度为 250～350 ℃；油砂芯的烘干温度为 180～240 ℃，烘干时间根据砂芯大小而定，油砂芯烘干后缓慢冷却。

3．合型

合型（又称合箱）是指将上砂型、下砂型、砂芯、浇口棒等组合成一个完整砂型的操作过程。合型的主要工作包括砂型和砂芯的检验和装配，以及砂型的紧固。合型是制造砂型的最后一道工序，同时也直接关系到铸件的质量。

1）砂型和砂芯的检验和装配

砂型和砂芯的检验和装配主要包括以下几点。

（1）下芯前，应先清除型腔、浇注通道和砂芯表面的浮砂，并检查砂型和砂芯的形状、尺寸是否与模样一致。

（2）下芯应平稳、准确，并将其固定于合适的位置。

（3）检验通气道是否通畅，保证砂型和砂芯的透气性。

（4）在芯头与砂型芯座的间隙处填满泥条或干砂，防止浇注时金属液钻入芯头而堵死通气道。

在上述几方面检验合格后，再平稳、准确地合型。

2）砂型的紧固

在浇注时，金属液会对上砂型产生垂直压力，同时砂芯还会受到金属液的浮力，两者的合力即为抬箱力。如果抬箱力过大，会把上砂型抬起，从而出现金属液泄漏的现象，导致铸件缺陷。因此，装配好的砂型需要紧固。紧固砂型时应注意用力均匀、对称。

砂型的紧固有压铁紧固、卡子紧固和螺栓紧固三种。其中，压铁紧固多用于单件、小批生产，压铁质量一般为铸件质量的 3～5 倍；卡子紧固和螺栓紧固多用于成批、大量生产。

四、安全操作要求

制造砂型的安全操作要求包括以下几点。

（1）实习时必须穿戴好防护用品。

（2）工作前检查自用设备和工具，型砂必须排列整齐，并留出浇注通道。

（3）工作场地上的铁钉、散砂必须随时回收和清理，保持场地干净整洁。

（4）紧砂时不得将手放在砂箱上，禁止用嘴吹砂。使用皮老虎（即吹风器）时，要向无人的方向吹砂；不得用皮老虎嬉戏打闹。

（5）通过人力搬运或翻转芯盒、砂箱时应量力而行，不可勉强；两人合力翻箱时，动作要协调；弯腰搬动重物时，要防止扭伤。

（6）手锤应横放在地上，不可竖立放置。起模针及气孔针放在盒内时尖头应向下。

（7）在造型场内行走时，要注意脚下，以免踩坏砂型或被铸件碰伤。

（8）实训结束后应整理好工具，打扫卫生，保持场地整洁。

⚙ 任务实施——制造砂型

1．任务描述

本任务是用型砂制造简单的砂型。技术要求：砂型质量高，并且砂型能够准确地反映模样的尺寸和形状。

2．任务准备

准备所用工具，如平板、砂箱、模样、铲子、砂冲子、刮板、气孔针、浇口棒、皮老虎、刮刀、起模针、起模钉、砂钩、压铁等。

3．实施过程

制造砂型的操作步骤如表 1-1 所示。操作过程中，学生可将操作要点、遇到的问题等记录下来，填入表 1-1 中。操作完成后用肉眼和钢直尺对砂型进行检测。

表 1-1　制造砂型的操作步骤

序号	操作步骤	加工简图	过程记录
1	安放平板、模样及下砂箱		
2	填型砂		
3	舂实		
4	刮去多余的型砂		
5	翻型		
6	放置上砂箱		
7	撒一层分型砂，放置好浇口棒，填型砂并舂实		

表1-1（续）

序号	操作步骤	加工简图	过程记录
8	修整上砂箱并做好定位记号	气孔针 定位记号	
9	开箱并起模，开内浇道		
10	修型		
11	合型		

 工匠精神

把青春刻在铸造"大国重器"的机台上

贾春成坚守在熔炼生产一线20多年，不断攻坚克难、自我突破，从一名普通工人成长为中铝集团东北轻合金有限责任公司（简称东轻公司）特级技师，并获得全国五一劳动奖章。

"第一次到熔铸现场，近50℃的高温是第一层考验，不动一身汗，一动汗满衫。"回忆起初次走上铸造工作岗位时，贾春成说当时的工作环境远超出他的想象。对于初出茅庐的贾春成来说，高温的工作环境只是一个方面，更大的考验是铸造机的操作技术和铸造工艺。合金的品种规格近百种，技术难度和工艺复杂程度让很多人望而生畏。

但贾春成身上有股不服输的劲儿："我就不信，攻不下这块阵地。"从此，贾春成每天早上班1小时，晚下班1小时，向师傅学、向技术人员问、向书本挖。他在铸造机上"摸爬滚打"，潜心钻研技术，熟悉工艺流程，把铸造岗位当成了家。几年下来，他快速成了铸造岗位的骨干。

已成为特级技师的贾春成，依然每天早早就出现在车间，了解每班的实际生产情况，检查工艺流程和技术要求的执行，对发现的问题及时纠正，及时止损。遇到哪个岗位忙碌，他就及时顶上去。"苦点累点没啥，这是我的主战场，我要把活儿干好。"他说。贾春成即便拥有了多项荣誉，也没有停止钻研新的技术工艺。追求极致，是他的座右铭。

贾春成所在的熔铸厂北线作业工区，承担着东轻公司和大部分航空航天公司等的铸锭生产任务。每当有新材料的研发试制任务时，贾春成都是第一时间参与其中。

为满足国产大飞机用铝要求，贾春成夜以继日地穿梭在熔铸炉、料场、会议室之间，笔记本上写满了思路和数据，终于攻克了铸锭不成形等系列难题。在一次难题攻克中，贾春成带领大家连续攻关7天，每个环节都争取做到极致。晚上12点别人都休息后，他还要再次梳理一天的情况，防止犯相同的错误。

贾春成秉持着强烈的事业心、高度的责任感和刻苦的钻研精神，在自己的岗位上辛勤耕耘，默默奉献，攻克了多个技术难题，把青春刻在了铸造"大国重器"的机台上。

（资料来源：何淼、熊旭，《把青春刻在铸造"大国重器"的机台上》，人民网，2022年5月16日）

任务二　铸造铸件

⚙ 任务引入

小赵是某砂型铸造公司的一名年轻工人，负责检验该公司生产的铸件是否合格。他每天都会出具各种检验报告，并用石笔在检验后的铸件表面注明缺陷部位、修复方法，以及合格、废品或其他检验标记。对于修复完成后的铸件，他还会重新检验，并在检验合格后擦去该铸件上除"合格"以外的各种标记。例如，小赵在检验某批铸件时，发现铸件存在晶粒粗大、粘砂等缺陷，检验结果为不合格。小赵把这些缺陷如实地记录了下来，作为后续返修的依据。

想一想：铸件出现晶粒粗大、粘砂等缺陷的原因是什么？

铸造铸件是包括熔炼、浇注、落砂、清理与检验等工序。

一、熔炼

熔炼是将金属加热熔化，进而减少金属液中的气体和夹杂物，获得预定成分和温度的金属液的工艺过程。金属的熔炼直接影响铸件质量，若熔炼过程控制不当，则铸件将产生气孔、夹渣、缩孔等缺陷。金属熔炼后应得到温度高、化学成分合格、非金属夹杂物少、气体含量少的优质金属液。同时，熔炼过程应满足低耗和高效的要求。

（1）低耗，即减少燃料、电力、熔炼原材料等能源和资源的消耗。

（2）高效，即操作时应快速将金属熔化，提高工作效率。

熔炼室有不同的熔炼设备，如冲天炉、感应电炉和电弧炉等。由于冲天炉操作方便，可连续熔炼，生产效率高，投资少，因此目前冲天炉是最主要的熔炼设备。如图1-5所示，冲天炉主要由火花捕集器、烟囱、炉身、炉缸、炉底及其他部分组成。其中，火花捕集器的主要作用是除尘；炉身的主要作用是完成炉料预热、熔化，以及金属液的过热。

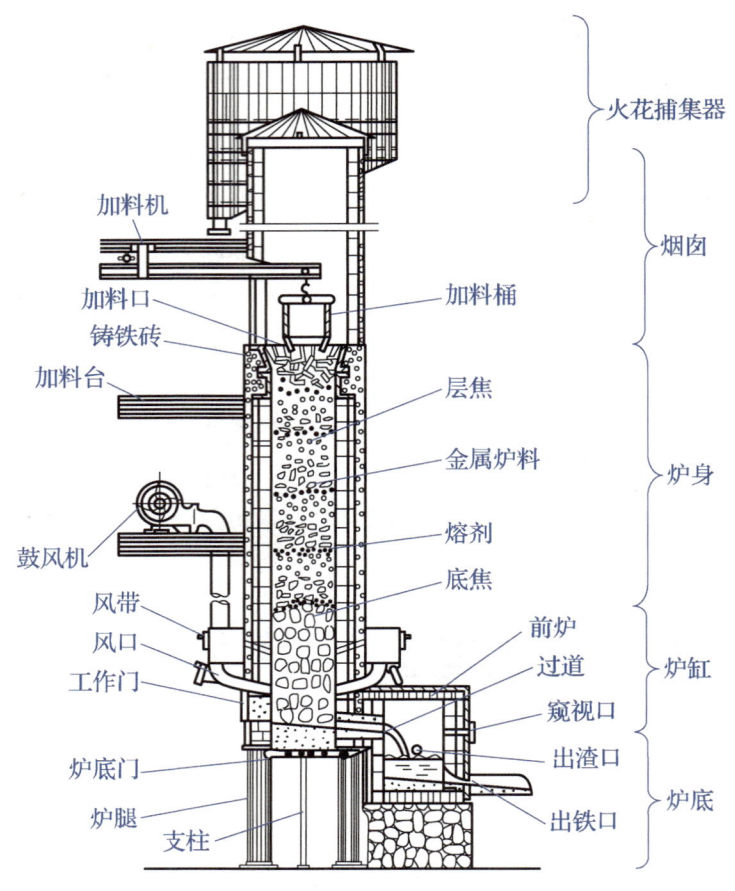

火花捕集器

烟囱

加料机

加料口

铸铁砖

加料台

加料桶

层焦

金属炉料

炉身

熔剂

底焦

鼓风机

风带

风口

工作门

前炉

过道

窥视口

出渣口

出铁口

炉缸

炉底

炉底门

炉腿

支柱

图 1-5 冲天炉的组成

冲天炉熔炼用的炉料包括金属炉料、燃料和熔剂。其中，金属炉料包括生铁、废钢、回炉料、铁合金等，燃料主要是焦炭，熔剂包括石灰石和萤石两种。

冲天炉是利用对流原理进行金属熔炼的。熔炼时，热炉气自下而上运动，冷炉料自上而下运动。两股逆向流动的气、物之间进行着热量交换和冶金反应，最终将金属炉料熔化成符合要求的熔融金属液。

二、浇注

将熔融的金属液浇入铸型的过程称为浇注。浇注是铸造生产的一个重要环节，操作不当会引起浇不到、冷隔、砂眼、冲砂和缩孔等缺陷。

1．浇注工具

浇注的主要工具是浇包，它是在炉前承接金属液的容器，作用是将金属液运到铸型处通过浇注系统进行浇注。根据浇包容量的不同，浇包可分为端包、抬包和吊包。

（1）端包的容量大约为 20 kg，适用于浇注小型铸件，适合一人操作，使用方便、灵活。

（2）抬包的容量为 50～100 kg，适用于浇注中、小型铸件，至少需要两人操作，使用比较方便，但劳动强度大。

（3）吊包的容量在 200 kg 以上，用吊车装运进行浇注，适用于浇注大型铸件。

浇注前应根据铸件大小选择合适的浇包、砂钩等工具，并烘干工具，避免因潮湿引起金属液的飞溅。

知识链接

浇注系统是指在砂型中开设的引入熔融金属液的通道，其主要作用是保证金属液平稳、迅速地充满型腔，阻止熔渣等杂质进入，并调节铸件的凝固顺序。

浇注系统由浇口杯、直浇道、横浇道和内浇道组成。

（1）浇口杯的主要作用是承接金属液、减小金属液的冲击力，使之平稳地流入直浇道，并分离部分熔渣。浇口杯的形状多为漏斗形或盆形。其中，漏斗形浇口杯用于中、小型铸件，盆形浇口杯用于大型铸件。

（2）直浇道是垂直浇道，其主要作用是使金属液产生静压力，并迅速充满型腔。为了便于起模，防止直浇道内因真空而引起金属液吸气，直浇道一般为圆锥形。

（3）横浇道是连接直浇道和内浇道的水平通道，一般设在上砂型中，截面多为梯形，其主要作用是挡渣。

（4）内浇道是金属液进入型腔的通道，截面多为三角形，其主要作用是控制金属液的流入速度和方向。

2．浇注温度与速度

1）浇注温度

金属液的浇注温度应根据铸件材质、铸造工艺、铸件大小及形状等因素综合确定。若浇注温度选择不当，则铸件的质量会降低，其力学性能也会受到影响。例如，若浇注温度过高，则铸件晶粒粗大，收缩大，易产生缩孔、裂纹、粘砂等缺陷；若浇注温度过低，则易产生浇不到、冷隔、气孔等缺陷。实践研究表明，对于形状复杂的薄壁灰铸铁铸件，浇注温度宜选择 1 400 ℃左右；对于常用的铝合金铸件，浇注温度宜选择 700～750 ℃。

2）浇注速度

浇注速度应根据铸件大小、形状来确定。若浇注速度太慢，铸件各部分的温差较大，易产生浇不到、冷隔、夹渣、裂纹和变形等缺陷；若浇注速度太快，型腔中的气体来不及溢出，易产生气孔，且金属液流动压力增大，易造成冲砂、抬箱、跑火等。

3．挡渣与引气

1）挡渣

熔炼金属液时，可能会有一些熔渣留在金属液中，因此，在浇注前应向浇包内撒些草木灰、干砂或集渣剂，以便将浇包中的熔渣全部清除掉（即挡渣）。

2）引气

在浇注前，砂型中会有一些气体，这时需要在砂型通气孔处引火燃烧，使砂型中的气体排出。

 小提示

开炉与浇注时的安全生产操作要求包括以下几点。

（1）在熔炉周围观察开炉与浇注时，应站在安全位置，不要站在浇注运行通道上。如果遇到火星或金属液飞溅，应保持冷静。不准和抬浇包的人员谈话或并排行走。

（2）熔炉、出炉、抬包、浇注等工作，需要经指导教师许可后按规程操作。

（3）开炉时使用的铁勺、铁棒都应预热，不得使用湿冷的铁勺或铁棒。

（4）浇注速度要保持适当，浇注时人不能站在高温金属液体正面，严禁从浇口杯正面观察金属液。

（5）对于刚浇注的铸件，不得触动，以免损坏或烫伤。

（6）实习结束后应整理好工具，打扫卫生，保持车间整洁。

三、落砂、清理与检验

铸件浇注完毕并冷却凝固后，还必须进行落砂、清理与检验。

1．落砂

落砂是指从砂型中取出铸件的过程。落砂应该在铸件冷却到一定温度后进行。若落砂过早，铸件温度过高，则铸件在暴露于空气的过程中会急速冷却，这容易导致铸件各部分冷却不均匀，进而产生内应力、变形甚至开裂等缺陷。若落砂过晚，则将长时间占用生产场地和砂箱，使生产效率降低。

铸件在砂型中的停留时间与铸件的形状、大小、壁厚及材质等有关。一般来讲，形状简单、小于 10 kg 的铸铁件，可在浇注 20～40 min 后进行落砂；10～30 kg 的铸铁件可在浇注 30～60 min 后进行落砂。

2．清理

清理是指落砂后清除铸件表面粘砂或多余金属等工序的总称。铸件必须经过清理工序，才能使其外表面达到要求。清理主要包括以下几步。

（1）切除浇冒口。铸铁件可用铁锤敲掉浇冒口，铸钢件可用气割切除浇冒口，有色合金铸件可用锯割切除浇冒口。大批生产时，浇冒口可用专用剪床切除。

（2）清除砂芯。铸件内腔的砂芯和芯骨可手工去除或用振动除芯机或水力清砂装置去除。水力清砂装置适用于大、中型铸件砂芯的清理，可保持芯骨的完整，便于芯骨的回收再利用。

（3）清除粘砂。铸件表面的粘砂需要清除干净。小型铸件广泛采用滚筒清理、喷丸清理，大、中型铸件可用抛丸室、抛丸转台等设备清理，生产量不大时也可手工清理。

（4）修整铸件。在铸造生产过程中，分型面或芯头处会产生一些飞边、毛刺，浇冒口处会残留一些痕迹，一般都需要采用砂轮机、手凿和风铲等工具对其进行修整。

3．检验

检验是指根据铸造要求和图样技术条件等，用量具、仪表或其他手段检验铸件是否合格的操作过程。铸件的检验包括外观尺寸的检验和内部缺陷的检验。其中，外观尺寸的检验主要是利用肉眼观察、使用量具等方法检验铸件的尺寸和表面缺陷等，内部缺陷的检验主要是利用射线检测、超声波检测、磁粉检测、荧光检测和渗漏试验等方法检验铸件内部可能存在的铸造缺陷。

⚙ 任务实施——铸造铸件

1．任务描述

本任务是用砂型和金属液铸造铸件。技术要求：铸件尺寸精度高、表面质量好，铸件没有明显的铸造缺陷。

2．任务准备

准备所用工具，如砂型、端包、起模针、皮老虎、铲子、刮刀、砂钩等。

3．实施过程

铸造铸件的操作步骤如表 1-2 所示。在操作过程中，学生可将操作要点、遇到的问题等记录下来，填入表 1-2 中。

表 1-2 铸造铸件的操作步骤

序号	操作步骤	加工简图	过程记录
1	熔炼	—	
2	浇注		
3	落砂、清理与检验		

项目综合实训——铸造轴类零件

1. 实训描述

在熟悉铸造工艺之后，请同学们尝试铸造如图 1-6 所示的轴类零件，所用材料为铸铁，要求铸件无裂纹、气孔及砂眼等缺陷。

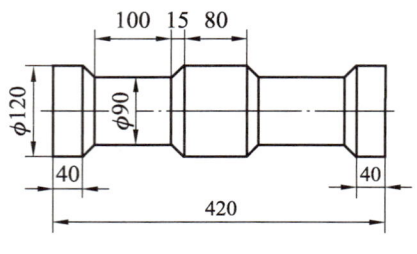

图 1-6　轴类零件

2. 实训内容

1）所用工具

所用工具主要有平板、砂箱、刮板、浇口棒、砂冲子、气孔针、起模针、皮老虎、刮刀、砂钩、铲子、压铁、端包等。

2）操作步骤

（1）熟悉零件图，准备好型砂、底板、模样、砂箱和必要的造型工具。

（2）配型砂。首先将新砂、旧砂、黏结剂和附加物等加入混砂机中搅拌干混 2～3 min，然后加水湿混 5～7 min，待其性能符合要求后从出砂口卸砂，最后再堆放 4～5 h，使型砂中的水分均匀混合。

（3）安放平板、下半模样及下砂箱。将下半模样安放在平板的适当位置，套下砂箱，注意留出足够的吃砂量，如图 1-7 所示。

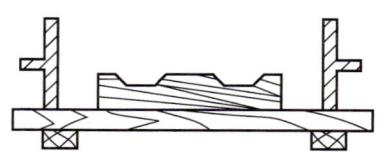

图 1-7　安放平板、下半模样及下砂箱

（4）填型砂并舂实。在下砂箱内分批填入型砂并分阶段、分层舂实。

（5）修整并翻型。刮去砂箱上面多余的型砂后，用气孔针扎出分布均匀、深度适当的通气孔，然后将下砂箱翻转 180°，接着将分型面压光修平。

（6）安放上半模样和上砂箱。安放好上半模样和上砂箱，将浇口棒安放在适当的位置，填入型砂并舂实，接着用刮刀刮去多余的型砂并光平浇口杯处的型砂，用气孔针扎出通气孔，如图 1-8 所示。

（7）修整上砂箱并做好定位记号。取出浇口棒，在外浇口开设浇口盆，并在砂箱外壁上、下砂型相接处做好定位记号，如图 1-9 所示。

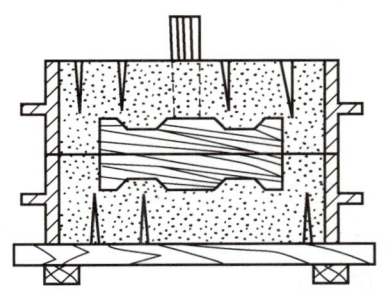

图 1-8　安放上半模样和上砂箱

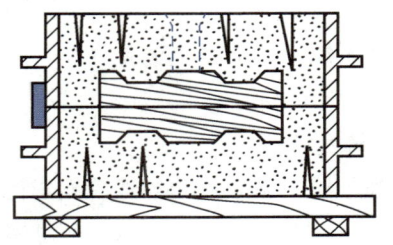

图 1-9　修整上砂箱并做好定位记号

（8）开箱并起模。取出上砂箱，并将其翻转 180° 后放平。扫除分型面上的分型砂，并用毛笔在模样周围的型砂上刷水，然后轻轻敲动模样，使其与周围的型砂分开，再用起模针将上、下模样从砂型中取出，型腔如有损坏，可用工具修复，如图 1-10 所示。

（9）修整并合型。首先开浇注系统的横浇道和内浇道，然后光平浇口杯表面，最后按定位记号将上砂型合并在下砂型上，放置适当重量的压铁，抹好箱缝，准备浇注，如图 1-11 所示。

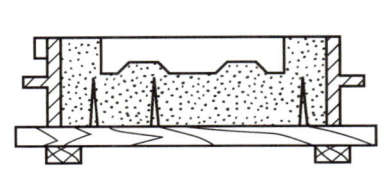

图 1-10　开箱并起模

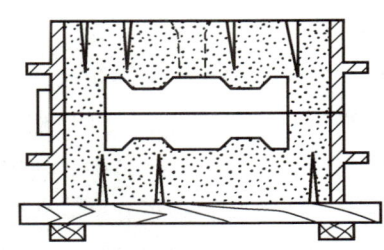

图 1-11　修型并合型

（10）熔炼并浇注。将铸铁放入熔炼设备中，待其熔化后，用浇包承接铁水，使其浇入砂型内。

（11）落砂与清理。铸件浇注后必须保温一段时间，然后再从砂箱中取出。取出铸件清理铸件表面的粘砂和多余金属。

（12）检验铸件。检验铸件是否有裂纹、气孔及砂眼等缺陷。如果没有，则铸件为合格产品；否则，铸件为不合格产品。

项目考核

1．填空题

（1）铸造的优点有＿＿＿＿＿＿、＿＿＿＿＿＿和＿＿＿＿＿＿。

（2）砂型铸造是将＿＿＿＿＿＿浇入＿＿＿＿＿＿中进而生产出铸件的铸造方式。

（3）制造砂型与砂芯的材料称为＿＿＿＿＿＿＿。

（4）型砂和芯砂是由＿＿＿＿＿＿、＿＿＿＿＿＿、＿＿＿＿＿＿和水按一定比例配制而成的。

（5）手工造型是用＿＿＿＿＿＿完成造型操作的方法。

（6）机器造型是用＿＿＿＿＿＿全部或部分完成造型操作的方法。与灵活多变的手工造型相比，机器造型能＿＿＿＿＿＿，提高铸件的尺寸精度，降低＿＿＿＿＿＿，降低劳动强度。

2．选择题

（1）下列不属于铸造缺点的是＿＿＿＿＿。　　　　　　　　　　　　　　（　　）

  A．工艺复杂　　　　　　　　　　　　B．生产周期短

  C．常使铸件产生气孔　　　　　　　　D．铸件的力学性能比锻件低

（2）下列不属于型砂和芯砂性能要求的是＿＿＿＿＿。　　　　　　　　（　　）

  A．透气性　　　　B．不可塑性　　　　C．耐火性　　　　D．退让性

（3）在制芯过程中，下列不属于保证型芯性能要求的工艺措施为＿＿＿＿＿。　（　　）

  A．多加水　　　　B．放芯骨　　　　C．开通气孔　　　　D．刷涂料

（4）确定合适的浇注温度时应考虑的因素不包括＿＿＿＿＿。　　　　　（　　）

  A．铸件材质　　　B．铸件形状　　　C．铸件大小　　　D．熔炼时间

（5）下列不属于浇包的是＿＿＿＿＿。　　　　　　　　　　　　　　　（　　）

  A．泥包　　　　　B．端包　　　　　C．抬包　　　　　D．吊包

3．判断题

（1）铸件生产的所有工艺都可控制。　　　　　　　　　　　　　　　　（　　）

（2）开炉与浇注时使用的铁棒、铁勺都无须预热。　　　　　　　　　　（　　）

（3）手锤可以横放在地上，也可竖立放置。　　　　　　　　　　　　　（　　）

（4）机器造型生产准备时间长。　　　　　　　　　　　　　　　　　　（　　）

（5）手工制芯的方法有芯盒制芯和刮板制芯，但刮板制芯较为常见。　（　　）

4．问答题

（1）简述制造砂型的安全操作要求。

（2）简述铸件清理工作的主要工序。

项目评价

指导教师根据学生的实际学习成果对其进行评价，学生配合指导教师共同完成学习成果评价表，如表 1-3 所示。

表 1-3 学习成果评价表

姓名：　　　　　　　组号：　　　　　　　指导教师：

评价项目	评价内容	满分/分	评分/分		
			自评	互评	师评
知识（30%）	了解铸造的定义和特点	6			
	了解造型材料的组成和性能要求	6			
	掌握造型、造芯与合型的操作步骤	6			
	了解熔炼、浇注的工艺过程	6			
	掌握铸件落砂、清理与检验的操作步骤	6			
技能（50%）	能够制造砂型	15			
	能够铸造铸件	15			
	能够铸造轴类零件	20			
素养（20%）	积极参加实习活动，主动学习、思考、讨论	5			
	认真负责　按时完成学习任务	5			
	团结协作　与组员之间密切配合	5			
	服从指挥　遵守实习纪律	5			
合计		100			
总评	自评（20%）＋互评（20%）＋师评（60%）＝		综合等级：		
自我评价					
指导教师评价					

项目二

焊 接

焊接作为一种金属连接技术，已经存在了上千年。在古代，人们使用热源（如火焰）加热金属，并通过锤击将不同金属连接在一起。随着时间的推移、科技的发展，焊接也在不断创新和进步，从早期的简单焊接逐渐发展为现代焊接。目前，焊接被广泛应用于航空航天、汽车制造、电子设备等领域，为我国现代化建设提供了强有力的支持。

本项目将带大家共同学习焊接的相关基础知识及常用的焊接方式等内容。

知识目标

✦ 熟悉焊接的分类、特点及注意事项。

✦ 掌握焊条电弧焊的设备、材料及基本操作。

✦ 掌握气焊的设备、材料及基本操作。

技能目标

✦ 能够用焊条电弧焊焊接对接的钢板。

✦ 能够用气焊焊接低碳钢管。

✦ 能够用焊条电弧焊焊接 T 形接头的钢板。

素质目标

✦ 养成爱岗敬业、勤奋努力的工作作风。

✦ 践行团结友爱、互帮互助的团队精神。

任务一　认识焊接

任务引入

焊接可以将两个或两个以上金属件连接在一起，形成不可拆的连接。焊接因其工艺简单、连接可靠、节省材料而被广泛应用，如管道与法兰的连接、自行车车架上不同金属管之间的连接、燃气罐提手与罐主体的连接等，如图2-1所示。

图 2-1　焊接的应用

想一想：焊接是怎么实现金属件之间的连接的？

焊接是通过加热、加压或两者并用的方式，用或不用填充材料，使同种或异种材料的焊件达到原子间结合而形成永久连接的工艺方法。其中，焊件称为母材，填充材料（包括焊条、焊丝、焊剂、气体等）称为焊材。焊接不仅可以实现同种或异种金属件之间的连接，还可以实现金属件与非金属件（如陶瓷、石墨等）之间的连接。

一、焊接的分类及特点

1．焊接的分类

根据工作原理的不同，焊接可分为熔化焊、压力焊和钎焊。

（1）熔化焊是将焊材置于两焊件的接口处加热至熔化状态形成熔池，熔池随热源移动，冷却凝固后形成连续焊缝而将两焊件连为一体的焊接方法。熔化焊是应用最广泛的焊接方法，如电弧焊、气焊、电渣焊、电子束焊和激光焊等都属于熔化焊。其中，电弧焊包括手工电弧焊、气体保护焊、埋弧自动焊等。

（2）压力焊又称固态焊，是通过对两焊件施加压力（加热或者不加热）来实现两焊件在固态下发生原子间结合的焊接方法。如电阻焊等。

（3）钎焊是通过加热比母材熔点低的焊材（通常为钎料），使其熔化，且实时温度低于母材熔点，使用液态钎料填充接口间隙，并与两焊件实现原子间结合的焊接方法。

2．焊接的特点

1）耗材少、成本低

焊接在实现两个或两个以上金属件之间连接的过程中，可减少15%～20%金属材料的消耗，减轻自重，降低运输成本等。

2）连接的金属种类多样

焊接可实现不同种类金属件之间的连接，如铜-铝连接、碳钢-合金钢连接等，被广泛应用于船体、车辆、电子电器产品、锅炉及压力容器等的生产。

3）结构强度大

在多数情况下，焊缝处的强度都能达到甚至高于母材，可承受各种复杂的受力情况。

4）密封性好

不同的金属件可以通过焊接紧密地连接在一起，形成密封结构，防止气体或液体泄漏，因此焊接适用于锅炉、高压容器、船体等对密封性要求高的空心构件的生产。

5）制造难度小

在制造大型构筑物或复杂结构的部件时，可以采用铸-焊、锻-焊等复合工艺，实现拼小成大，减小制造难度。例如，京雄大桥的制造就采用了钢结构焊接工艺，减小了制造难度。

 视野拓展

> 京雄大桥全长 1.62 km，主桥长度 520 m，主拱跨度达 300 m，大桥主梁宽度达 48 m，桥梁主拱和主梁均采用钢结构设计，钢材用量约 2.2×10^4 t。大桥主拱肋为四边形渐变至五边形的变截面造型，像拧麻花一样上升，在拱顶以中国结造型的风撑连接，形成造型独特新颖的空间异型曲面结构。这种独特造型，给焊接工程带来了前所未有的难度。为了减小制造难度，工程人员先将全桥钢结构划分成 126 个形态各异的钢"积木"，再将这些"积木"严丝合缝地焊接起来，最终形成大桥的独特造型。

二、焊接的相关概念

学习焊接需要了解焊接接头和焊接位置等相关概念。

1. 焊接接头

焊接接头是指用焊接方法连接的接头，主要由焊缝、热影响区和熔合线组成，如图 2-2 所示。其中，焊缝是连接两个被焊件的接缝；热影响区是焊缝两侧受热影响的母材区域，其未熔化，但内部组织和力学性能发生了一定的变化；熔合线是焊缝和热影响区的分界线。

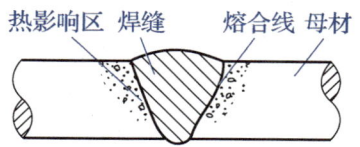

图 2-2　焊接接头

常见的焊接接头形式有对接接头、搭接接头、角接接头和 T 形接头，如图 2-3 所示。

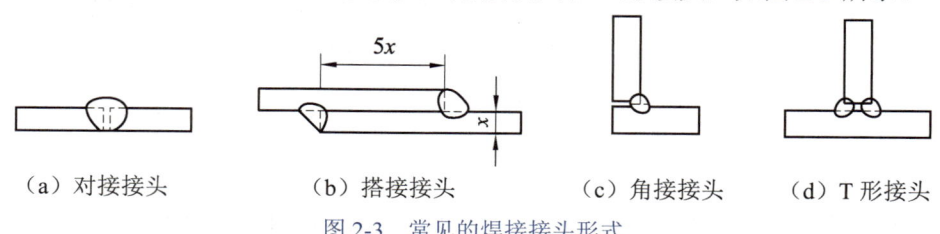

（a）对接接头　　　（b）搭接接头　　　（c）角接接头　　　（d）T 形接头

图 2-3　常见的焊接接头形式

1）对接接头

对接接头是指两焊件表面构成大于或等于 135°且小于或等于 180°夹角的接头形式。对接接头受力均匀，应力集中，长度较小，因此其能承受的静强度和疲劳强度比其他接头高，是常用的接头形式。在交变、冲击载荷下或低温、高压场合中工作的结构件常采用对接接头。

2）搭接接头

搭接接头是指两焊件部分重叠构成的接头形式。受外力作用时，因两焊件不在同一平面上，搭接接头的焊缝处应力复杂，故受交变载荷的结构件一般应避免使用搭接接头。搭接接头装配时的尺寸要求不高，因此一些不重要的结构件常采用搭接接头。

3）角接接头

角接接头是指两焊件端部连接，并构成大于 30°、小于 135°夹角的接头形式。角接接头的承载能力较低，一般不单独使用，通常是因为结构上的需要而采用。

4）T 形接头

T 形接头是指一焊件端部与另一焊件表面构成直角或者近似直角的接头形式。T 形接头上未焊透的焊缝处性能特点与搭接接头焊缝处性能特点相似，因此多用于一些要求不高的结构件。

 知识链接

焊件较薄时，在焊件接头处只留出一定间隙即可焊透（在焊接过程中，两焊件接头处完全熔合，不存在局部未熔合的情况）。而当焊件厚度大于 6 mm 时，只单纯留出一定间隙无法保证焊透，因此焊前需要把焊件的待焊部位加工成一定的几何形状，以便焊条能深入焊件底部，保证焊透。这种为了在焊接后能形成牢固连接而专门加工出来的具有一定几何形状的待焊部位称为坡口。开坡口时，应留出1～3 mm 的钝边，以免焊穿（在焊接过程中，焊接区域出现穿孔的现象）。

对接接头的常见坡口形式有 I 形坡口、Y 形坡口、双 Y 形坡口和带钝边 U 形坡口，如图 2-4 所示。

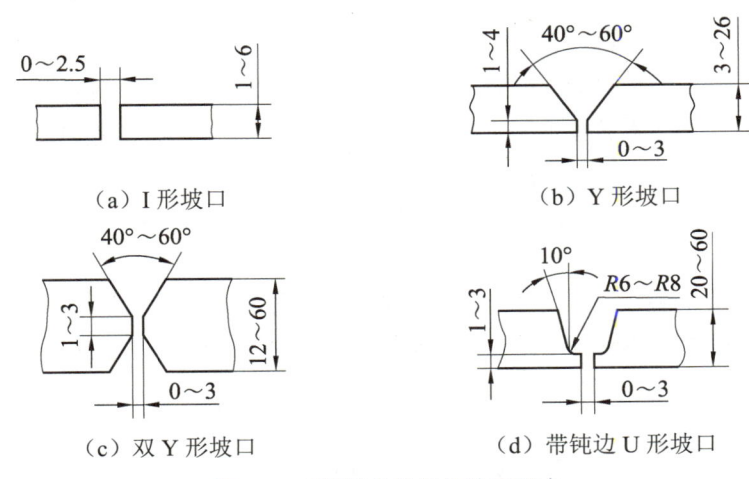

（a）I 形坡口　　　　　　　　（b）Y 形坡口

（c）双 Y 形坡口　　　　　（d）带钝边 U 形坡口

图 2-4　对接接头的常见坡口形式

2．焊接位置

焊接位置是指焊接时焊缝所处的空间位置，可分为平焊、立焊、横焊和仰焊等。如图 2-5 所示为对接接头和角接接头的焊接位置举例。其中，平焊最容易，且工作条件好，生产效率高，焊缝质量好。因此，焊接时最好采用平焊。

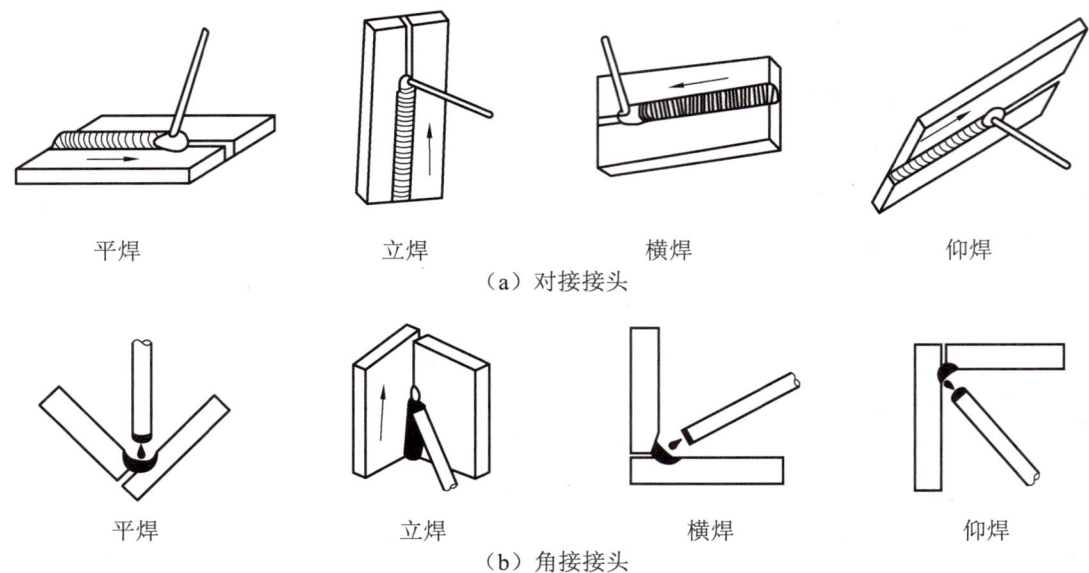

平焊　　　　　立焊　　　　　横焊　　　　　仰焊

（a）对接接头

平焊　　　　　立焊　　　　　横焊　　　　　仰焊

（b）角接接头

图 2-5　对接接头和角接接头的焊接位置举例

三、焊接的注意事项

为了确保人身安全和工作环境的安全，焊接时应注意以下几点。

1. 穿戴个人防护装备

在进行焊接操作前，必须穿戴个人防护装备，包括面罩、防护手套、焊接服、耳塞（或耳罩）、防护鞋等。这些设备可以保护眼睛、皮肤和听力不受焊接过程中产生的光弧、热辐射和噪声的伤害。

2. 避免吸入烟雾或有害气体

为避免吸入焊接过程中产生的烟雾或有害气体，必须确保工作区域具有良好的通风条件。可以通过开启通风设备或在焊接区域设置机械排风系统来排出烟雾或有害气体，以保持空气清新。若无法避免吸入烟雾或有害气体，则应佩戴呼吸防护装备，如防毒面具等。

3. 检查焊接工具

在使用焊接工具之前，必须对其进行检查和维护，以确保焊接工具接地良好、安全可靠、线路正常。为防止触电，应在断电时连接和更换电极或焊条，并使用绝缘手套进行操作。

4. 控制火源

焊接操作中会产生明火和火花，因此必须清除工作区域周围的可燃物和易燃物，并保持工作区域整洁。在焊接操作期间，要随时保持警惕，防止火花飞溅而引起火灾。

5. 疏散和急救准备

在焊接操作前，要了解紧急疏散路径和急救设施的位置。在发生紧急情况时，要立即采取适当的行动，如按下警报器、报告事故、迅速疏散、为受伤人员提供急救措施等。

此外，当发现任何不确定的情况或安全问题时，应立即停止焊接，并寻求指导教师的帮助。

任务实施——参观焊接实训室

1．任务描述

参观焊接实训室，将学到的焊接基础知识与现实联系起来。在参观实训室的过程中，需要做到以下几点。

（1）了解实训室的规章制度，熟悉紧急停止按钮和灭火器的位置，并能应对紧急情况。

（2）熟悉焊接设备，如弧焊电源、气体保护焊机等。

（3）熟悉焊接工具和材料，如焊钳、焊丝、焊条等，并能够正确选择和使用。

2．任务准备

准备需要穿戴的个人防护装备，如焊接服、防护手套等。

3．实施过程

有序进入实训室后，认真听指导教师讲解实训室的规章制度，直观认识焊接的实际操作和工作环境，记录焊接实训的主要用具和材料，并将表 2-1 填写完整。

表 2-1　焊接实训的主要用具和材料

名称	图示	名称	图示

表 2-1（续）

名称	图示	名称	图示
	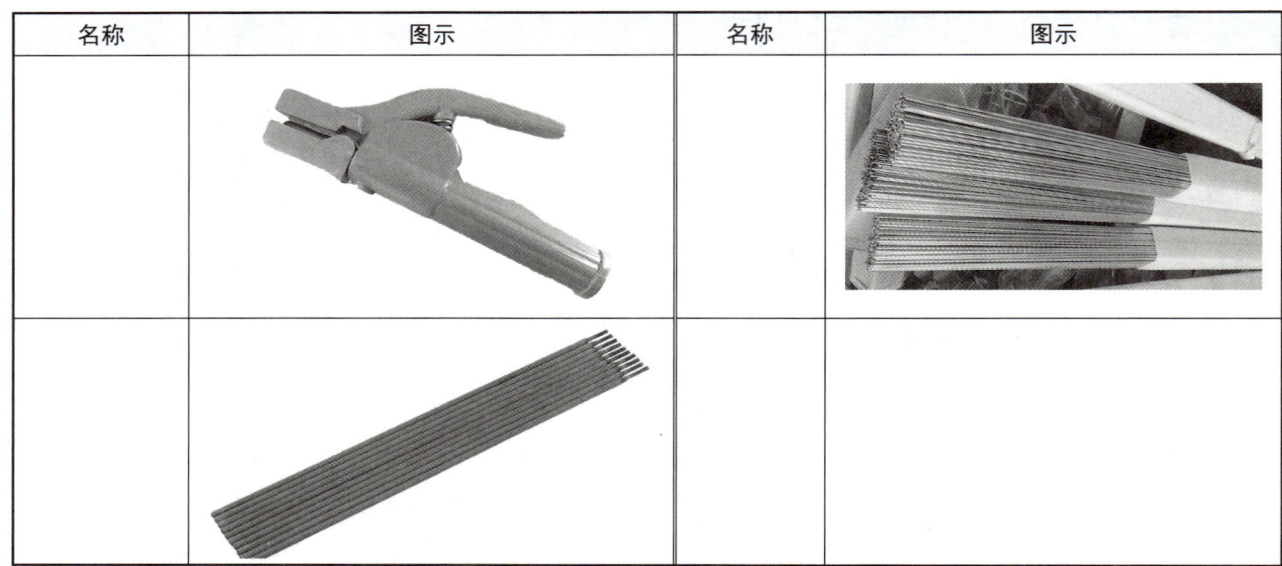		

 工匠精神

焊接领域的"大国工匠"

艾爱国是湖南华菱湘潭钢铁有限公司（以下简称"湘钢"）的焊接顾问，他精通技艺，是焊接领域的"大国工匠"。他在焊工岗位上工作 50 多年，攻克焊接技术难关 400 多个，改进工艺 100 多项，多次参与我国重大项目中的焊接技术攻关和特种钢材焊接性能试验。他曾获得"七一勋章"，并荣获"全国劳动模范""全国技术能手""全国十大杰出工人"等称号。

传承技术，他是响当当的"大师傅"。他主持的湘钢板材焊接实验室，被湖南省列为焊接工艺技术重点实验室，被全国总工会命名为"全国示范性劳模创新工作室"。多年来，他带过的徒弟有 600 多名，有的获得全国五一劳动奖章，有的成为湖南省劳动模范、"三八红旗手"、"十佳青年"等。湘钢的高级工、技师、高级技师及以上级别的焊工几乎都跟艾爱国学过焊接。艾爱国还无偿向 200 多名下岗工人和农村青年传授焊接技术，其中有 100 多人进入了中国中车股份有限公司、三一重工股份有限公司等大型企业，且他们凭借过硬的技术基础和自身的努力逐渐成为企业骨干。

坚定本色，他是扎根一线的"老黄牛"。艾爱国在湘钢工作一辈子，最高职务就是焊接班的班长，领导曾经多次想提拔他，艾爱国都婉言谢绝了。退休之后，女儿想将他接过去安享晚年，但艾爱国选择了留在湘钢。如今，70 多岁的艾爱国，早上七点半前上班，下午六点半后下班，几十年不变地骑着他那辆破旧的自行车，继续奋战在焊接工艺研究和操作技术开发第一线。

（资料来源：佚名，《艾爱国：焊接领域的"大国工匠"响当当的"大师傅"》，人民网，2023 年 3 月 27 日）

任务二　认识焊条电弧焊

 任务引入

　　小张是某建筑工地的一名焊接工人，他每天的工作就是把钢筋绑扎好，再用焊条电弧焊将钢筋连接成一个整体，使其具有足够的刚度和稳定性，保证钢筋在运送、吊装及浇注混凝土时不会松散、移位或变形。由于焊接时很容易被飞溅的火花烫伤，因此小张每次都会穿戴好个人防护装备，保证自己的安全。无论春夏秋冬，他与其他建筑工人一起坚守在工作岗位，见证着一座座高楼平地而起。

　　想一想：焊条电弧焊是如何将焊件焊接起来的？

一、焊条电弧焊概述

　　焊条电弧焊是熔化焊的一种，是手工操纵焊条进行焊接的电弧焊方法。如图 2-6 所示，在焊接前，先用电缆将焊件和焊钳分别与弧焊电源的两个输出极连接起来，然后将焊条夹持在焊钳中。焊接时，引燃焊条和焊件之间的电弧，在电弧热的作用下，焊条端部和焊件局部熔化，形成金属熔池。随着电弧不断前移，熔池冷却、凝固形成焊缝，从而使分离的焊件连接成一体。

焊条电弧焊

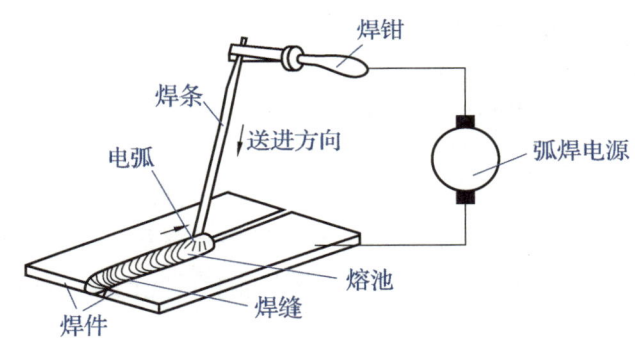

图 2-6　焊条电弧焊

　　焊条电弧焊的设备简单，操作方便，实用性强，是工业生产中应用最广泛的一种焊接方法，可用于焊接厚度大于 2 mm 的各种金属件。

知识链接

　　电弧是具有一定电压的两电极间（或焊条与焊件间）在气体介质中产生的强烈、持久的放电现象。电弧由阴极区、弧柱区和阳极区组成，如图 2-7 所示。焊接时，焊条与焊件接触，形成短路，强大的短路电流产生持久的电阻热，使焊条和焊件因急剧升高的接触温度而熔化，甚至部分蒸发。当提起焊条时，阴极区表面由于接触温度的急剧升高和强电场的作用，发射出大量电子，电子碰撞气体使之电离。正、负离子和电子分别奔向两极，动能转换为热能，从而引燃电弧。

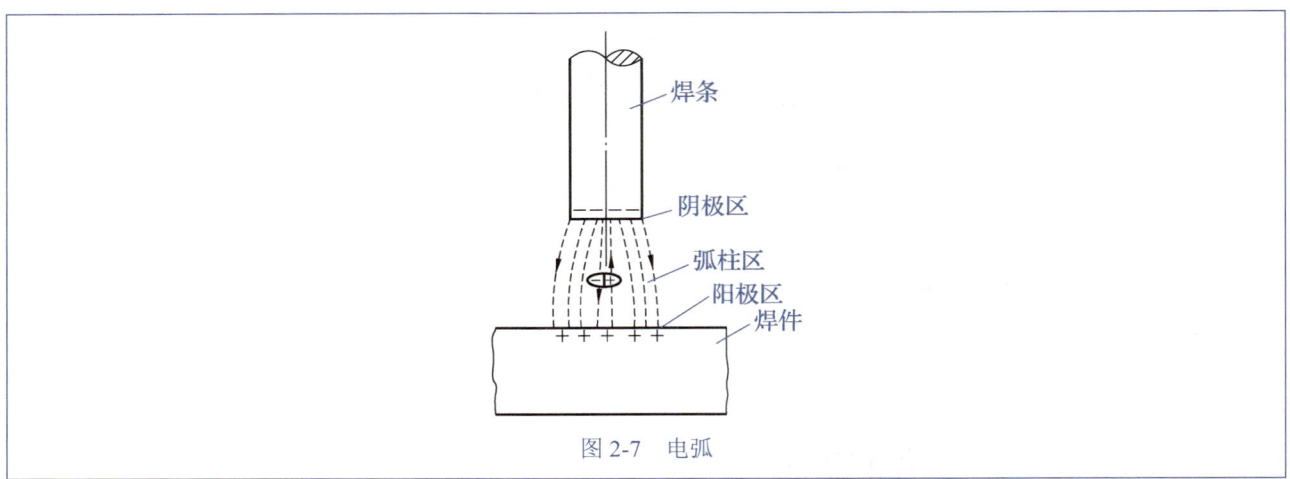

图 2-7 电弧

二、弧焊电源及焊接用具

1．弧焊电源

弧焊电源是焊条电弧焊的主要设备，按照产生电流种类的不同，弧焊电源可分为交流弧焊电源和直流弧焊电源。

1）交流弧焊电源

交流弧焊电源又称弧焊变压器，可以将 220 V 或 380 V 电压调到自身空载电压（60～90 V）及工作电压（20～40 V），如图 2-8 所示。

交流弧焊电源结构简单、价格便宜、使用方便、维修容易、空载损耗小，但是稳定性较差。

2）直流弧焊电源

直流弧焊电源分为整流式直流弧焊电源和逆变式直流弧焊电源。

（1）整流式直流弧焊电源又称整流弧焊器，是通过整流器把交流电转变为直流电的弧焊电源，如图 2-9 所示。整流式直流弧焊电源弥补了交流弧焊电源稳定性差的缺点，且结构简单、制造方便、空载损失小、噪声小，但价格比交流弧焊电源高。

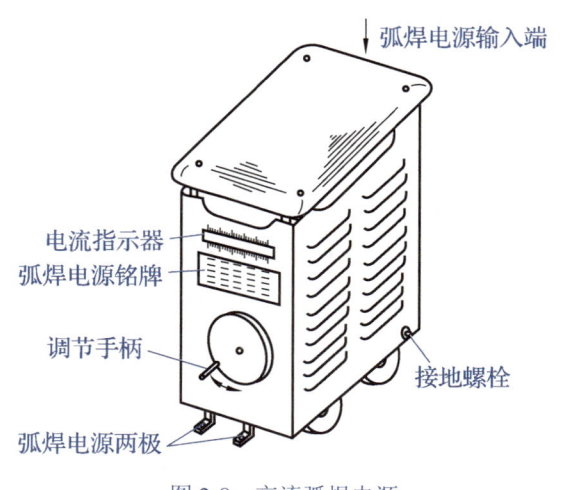

图 2-8 交流弧焊电源

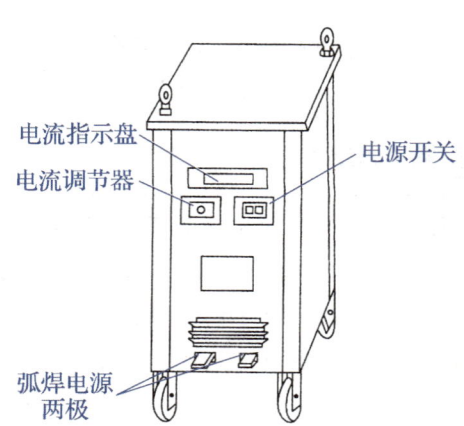

图 2-9 整流式直流弧焊电源

（2）逆变式直流弧焊电源又称逆变弧焊器，是一种比较新型的弧焊电源。工作时，它先将输入电压整流滤波成平滑的直流电压，并将该平滑的直流电压通过功率电子开关转换成高频的交流电压，然后通过变压器将此高频交流电压变为符合焊接要求的交流电压，最后经整流滤波变为直流焊接电压。逆变式直流弧焊电源具有高效节能、质量轻、体积小、调节速度快等优点。

 知识链接

直流弧焊电源的输出端有正、负极之分，焊接时电弧两端极性不变。因此，直流弧焊电源输出端有正接和反接两种不同的接线法。其中，正接是指焊件接正极、焊条接负极的连接方法，如图 2-10（a）所示；反接是指焊件接负极、焊条接正极的连接方法，如图 2-10（b）所示。

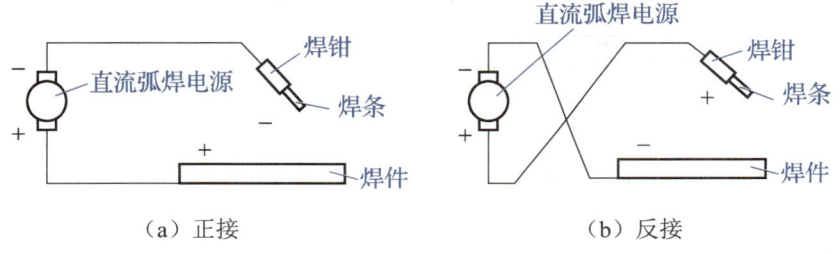

（a）正接　　　　　　　　　　（b）反接

图 2-10　直流弧焊电源输出端的正接和反接

用直流弧焊电源焊接厚板时，一般采用正接，这是因为电弧正极的温度和热量比负极高，采用正接能获得较大的熔深；在焊接薄板时，为了防止焊穿焊件，常采用反接。但是，如果使用碱性焊条，无论焊件薄厚，都应采用反接，以保证电弧燃烧的稳定性。

交流弧焊电源由于在焊接时两端极性不断变化，所以不存在正接和反接的情况。

2. 焊接用具

焊接用具主要有焊钳、面罩和电缆等。

1）焊钳

焊钳是夹装焊条并将焊接电流传输至焊条的工具。焊钳的规格按照额定焊接电流大小确定。在使用焊钳时，应注意以下几点。

（1）焊钳与电缆必须紧密且牢固地连接，以保证导电良好。

（2）应防止焊钳与焊件或焊接工作台之间发生短路。

（3）为防止电弧烧坏焊钳，在焊接过程中焊条尾端剩余长度不宜过短。

（4）禁止将过热的焊钳浸在水中冷却后立即使用。

2）面罩

面罩是使眼睛和面部免受弧光和金属飞溅伤害的一种遮蔽工具，有手持式面罩和头盔式面罩两种。面罩观察窗上的有色玻璃可过滤紫外线和红外线。焊接时，操作者可通过观察窗查看电弧燃烧情况和熔池情况，便于控制焊接操作。

3）电缆

电缆是弧焊电源与焊钳、焊件之间传输电流的导线，多由多股细铜线组成。电缆具有良好的导电性、绝缘性、耐磨损性，并兼具轻便、柔软、能任意弯曲或扭转等特点，便于操作。在使用电缆时，应注意以下几点。

（1）弧焊电源与焊钳之间连接的电缆长度一般不超过 30 m。

（2）应防止烫坏电缆的绝缘层，且电缆不可以绕圈使用，以防产生感抗，影响焊接电流。

（3）焊接结束后，应将电缆收放妥当。

三、焊条

1．焊条的组成

焊条是焊条电弧焊所用的焊接材料，由焊芯和药皮两部分组成，如图 2-11 所示。

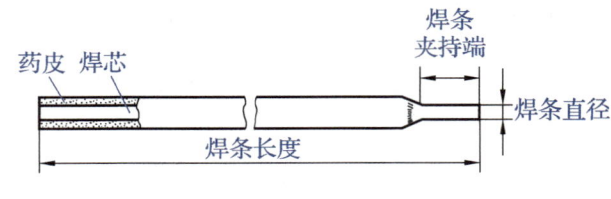

图 2-11　焊条

1）焊芯

焊芯是焊条中被药皮包裹的金属丝，具有一定的直径和长度。焊芯的直径称为焊条直径，焊芯的长度称为焊条长度。如表 2-2 所示为常用焊条的直径和长度。

表 2-2　常用焊条的直径和长度

焊条直径/mm	2.0	2.5	3.2	4.0	5.0
焊条长度/mm	250、350	250、300	350、400	350、400、450	400、450

在焊接过程中，焊芯的主要作用是作为电极传导电流并产生电弧，为焊接提供所需热量；焊芯熔化后作为焊材填入熔池，与熔化的母材一起形成焊缝。焊芯的成分在焊缝中占 50%～70%，其直接决定了焊缝的成分和性能。

2）药皮

药皮是压涂在焊芯表面的涂料层，由矿石粉、铁合金粉和黏结剂等原料按照一定比例配制而成，其主要作用如下。

（1）改善焊条的工艺性。药皮可使电弧稳定、飞溅少，减少有害气体的产生，并形成美观的焊缝，且使焊缝易脱渣等。

（2）保护作用。药皮熔化后产生的气体和形成的熔渣，可以对熔化后的金属起到隔离作用，使其不被氧化。

（3）冶金作用。在焊接过程中，药皮能去除熔池中有害的杂质元素，如氧、氢、硫、磷等；同时增加有益的合金元素，改善焊缝金属质量，提高焊缝金属的力学性能。

2．焊条的分类

1）按用途分类

根据用途不同，焊条可分为结构钢焊条、钼和铬钼耐热钢焊条、不锈钢焊条、堆焊焊条、低温钢焊条、铸铁焊条、铜和铜合金焊条、铝和铝合金焊条、特殊用途焊条等。

2）按熔渣的化学性质分类

根据熔渣化学性质的不同，焊条可分为酸性焊条和碱性焊条。其中，酸性焊条是指药皮熔化后形成的熔渣以酸性氧化物为主的焊条，如 E4303 和 E5003 等，它的工艺性能好，但力学性能差；碱性焊条是指药皮熔化后形成的熔渣以碱性氧化物和氟化物为主的焊条，如 E4315 和 E5015 等，它的力学性能好，但工艺性能差。

3．焊条的选用原则

在焊条电弧焊中，正确选用酸、碱性焊条是保证焊接接头质量的前提。选用焊条时，一般遵循以下原则。

（1）当接头坡口表面难以清理干净时，应采用氧化性强，对铁锈、油污等不敏感的酸性焊条。

（2）在容器内部或通风条件较差的情况下，应选用焊接时析出有害气体少的酸性焊条。

（3）当母材中碳、硫、磷等元素含量较高，且焊件形状复杂、刚度和厚度大时，应选用抗裂性好的碱性焊条。

（4）当焊件承受振动载荷或冲击载荷时，在保证抗拉强度的前提下，应选用塑性和韧性较好的碱性焊条。

（5）在酸性焊条和碱性焊条均能满足性能要求的前提下，应尽量选用工艺性能较好的酸性焊条。

四、焊条电弧焊的焊接工艺参数

焊条电弧焊的焊接工艺参数主要有焊条直径、焊接电流、焊接速度、电弧电压等。

1．焊条直径

焊条直径的选取主要取决于焊件厚度。焊件较厚时，应选择较粗的焊条；焊件较薄时，应选择较细的焊条。一般情况下，可参考表 2-3 选择焊条直径。立焊和仰焊时，焊条直径比平焊时细些。

表 2-3　焊条直径的选择

焊件厚度/mm	<4	4～7	8～12	>12
焊条直径/mm	不超过焊件的厚度	3.2～4.0	4.0～5.0	4.0～6.0

2．焊接电流

焊接电流主要可根据焊条直径来选取。对一般的钢焊件，可以根据以下经验公式来确定：

$$I = (30 \sim 50)d$$

式中：

I ——焊接电流，单位为 A；

d ——焊条直径，单位为 mm。

焊接电流与焊条直径的对应关系如表 2-4 所示。

表 2-4　焊接电流与焊条直径的对应关系

焊条直径/mm	1.6	2.0	2.5	3.2	4.0	5.0	6.0
焊接电流/A	25～40	40～65	50～80	100～130	160～210	200～270	260～300

在实际生产中，确定焊接电流时还应考虑焊件厚度、接头形式、焊接位置、焊条种类等具体情况。

3．焊接速度

焊接速度是指单位时间内完成的焊缝长度，它对焊接质量有很大的影响。焊接速度过快，易产生焊缝的熔深与熔宽太小、未焊透等缺陷。焊接速度过慢，会导致焊缝的熔深与熔宽太大，而且当焊件较薄时，如果焊接速度过慢还可能产生焊穿缺陷。焊接速度可根据焊件厚度、焊件材料的熔点、焊缝位置等因素来选择。

4．电弧电压

电弧电压是指电弧两端（两极）之间的电压。电弧电压由电弧长度（焊芯熔化端到焊接熔池表面的距离）决定，电弧长则电压高，反之则低。若电弧太长，则会导致燃烧不稳定，熔深较小，熔宽较大，容易产生焊接缺陷；若电弧太短，则当熔滴过渡时，可能造成短路，致使操作困难。合理的电弧长度应小于或等于焊条直径。

 小提示

在焊接时，焊条端部熔化形成的滴状液态金属称为熔滴。熔滴通过电弧空间向熔池转移的过程称为熔滴过渡。

五、焊条电弧焊的基本操作

焊条电弧焊的基本操作包括引弧、运条、收尾和检验。

1．引弧

引弧是指使焊条和焊件之间产生稳定电弧的操作。引弧的方法有划擦法和敲击法，如图 2-12 所示。

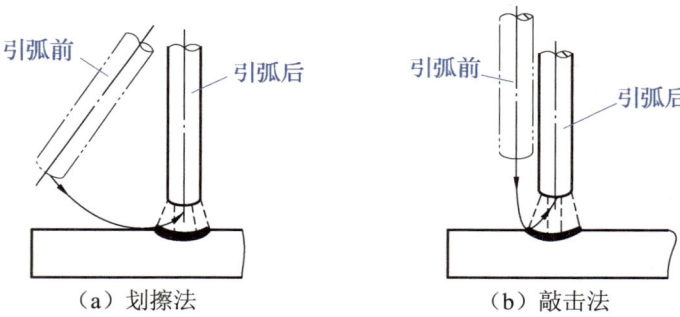

（a）划擦法 （b）敲击法

图 2-12　引弧

1）划擦法

划擦法与划火柴相似，先将焊条末端对准焊件的坡口处，扭动手腕，使焊条在坡口处划过，形成短路，然后迅速将焊条提起 2～4 mm，即可引燃电弧，如图 2-12（a）所示。

2）敲击法

用敲击法引弧时，先将焊条末端垂直对准焊件的坡口处，敲击焊件，使其发生短路，当出现弧光时迅速将焊条提起 2～4 mm，即可引燃电弧，如图 2-12（b）所示。

小提示

　　开始焊接时，因为焊件温度较低，引弧后不能迅速将这部分焊件升温，所以熔深较浅。为了保证焊接质量，可在引弧后先将电弧稍微拉长，对焊件进行必要的预热，再适当地压低电弧进行焊接。

2. 运条

　　运条是指电弧引燃并开始焊接后，焊条相对焊缝所做的全部动作的总称。为了使焊接过程顺利进行，并使焊缝成形效果好，运条时应把握好焊接角度和焊条运动，并根据实际情况选择合适的运条方法。

1）焊接角度和焊条运动

　　焊接角度是焊条与焊件的夹角，宜为 70°～80°，且焊条在侧向应保持垂直，即焊条不会侧向倾斜，以保证焊接质量，如图 2-13（a）所示。

　　焊条运动是由沿焊接方向移动、横向摆动和向下送进三个基本动作合成的，如图 2-13（b）所示。沿焊接方向移动时，应综合考虑焊缝尺寸、焊条直径、焊接电流、焊件厚度、熔池状况等条件，灵活控制；横向摆动的幅度应根据焊缝宽度、焊条直径确定，以获得宽度一定的焊缝；焊条向下送进的速度应与焊条熔化的速度保持一致，以保证一定的电弧长度。这三个基本动作应相互协调，保证焊条运动平稳、均匀。

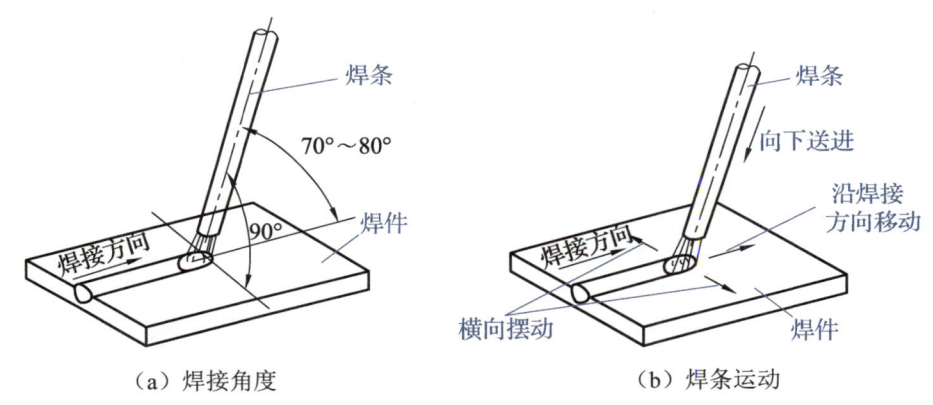

（a）焊接角度　　　　　　　　　　　（b）焊条运动

图 2-13　焊接角度和焊条运动

2）运条方法

　　在焊接操作中，常用的运条方法有直线运条法、直线往返运条法、锯齿形运条法、月牙形运条法、斜三角形运条法、正三角形运条法、正圆圈运条法、斜圆圈运条法等，如表 2-5 所示。

表 2-5　常用的运条方法

运条方法	运条示意图	适用范围
直线运条法		适用于平焊焊件厚度为 3～5 mm 不开坡口的对接接头，以及多层焊的第一层焊和多层多道焊
直线往返运条法		适用于焊接薄件，以及平焊间隙较大的对接接头
锯齿形运条法		适用于平焊、立焊、仰焊对接接头，以及立焊角接接头

表 2-5（续）

运条方法	运条示意图	适用范围
月牙形运条法		适用于平焊、立焊、仰焊，以及要求焊缝饱满的焊件
斜三角形运条法		适用于仰焊 T 形接头和平焊有坡口的焊缝
正三角形运条法		适用于立焊对接接头和 T 形接头
正圆圈运条法		适用于平焊较厚的焊件
斜圆圈运条法		适用于横焊 T 形接头和仰焊对接接头

3．收尾

收尾是指焊缝焊好后熄灭电弧的过程。收尾不仅是熄弧，还应在熄弧前填满收尾处的弧坑。收尾的方法有划圈法、回焊法和反复断弧法，如图 2-14 所示。

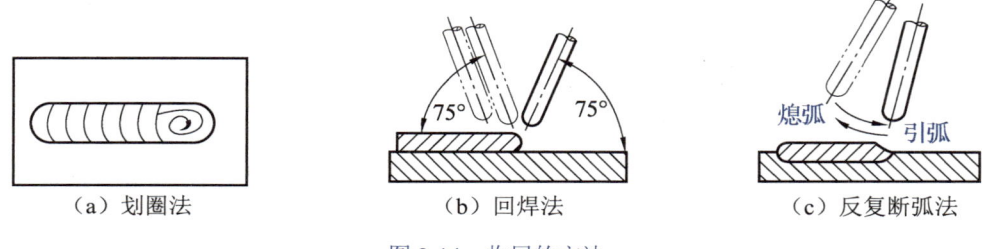

（a）划圈法　　　　　（b）回焊法　　　　　（c）反复断弧法

图 2-14　收尾的方法

（1）划圈法是指当焊条移动到焊缝终点时，焊条做圆圈动作，直到填满弧坑后再拉断电弧的收尾方法。此方法适用于厚件焊接。

（2）回焊法是指当焊条移动到焊缝终点时，改变焊条角度回焊一小段后拉断电弧的收尾方法。此方法适用于采用碱性焊条的焊接。

（3）反复断弧法是指在终点处反复熄弧、引弧，直到把弧坑填满的收尾方法。此方法适用于薄件或大电流焊接。

4．检验

检验是指使用合适的工具检验焊缝是否达到要求，通常包括外观检验、内部质量检验和致密性检验。

（1）外观检验主要通过放大镜、直尺等检验焊缝是否存在如凹坑、尺寸不正确等外观缺陷。

（2）内部质量检验主要通过无损检验法检验焊缝内部是否存在质量问题，如气孔、夹杂等。无损检验法包括超声检验法、磁粉检验法、射线检验法等。

（3）致密性检验主要通过压力试验检验焊缝的致密程度。其中，压力试验主要有水压试验、气压试验和煤油试验等。例如，管道、压力容器焊缝中的穿透性缺陷就可以通过致密性检验发现。

小提示

在焊接厚件时，为了焊满坡口，常采用多层焊或多层多道焊。下面以 Y 形坡口的多层焊和多层多道焊为例进行说明，如图 2-15 所示。

Y 形坡口多层焊的焊接顺序为 1→2→3→4，如图 2-15（a）所示。其中，焊缝 1 为打底焊，焊缝 2 为填充焊，外表面的焊缝 3、4 为盖面焊。

多层多道焊的焊接顺序为 1→2→3→4→5→6→7→8→9，如图 2-15（b）所示。其中，焊缝 1 为打底焊，焊缝 2、3、4、5 为填充焊，外表面的焊缝 6、7、8、9 为盖面焊。部分焊件的焊接只需要两层焊缝即可满足要求，因此只进行打底焊和盖面焊即可。

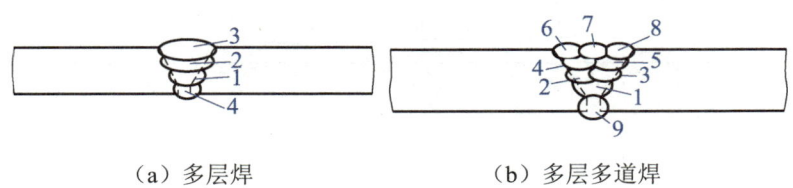

（a）多层焊　　　　　（b）多层多道焊

图 2-15　Y 形坡口的多层焊和多层多道焊

在实际工作中，应根据焊件厚度选择合适的焊接层数和道数。

任务实施——焊接对接接头的钢板

1. 任务描述

本任务是以对接接头形式平焊钢板，如图 2-16 所示。所用钢板材料为 Q345，技术要求：焊件外观检验和内部质量检验均合格，如无明显变形、无裂纹、无气孔等。

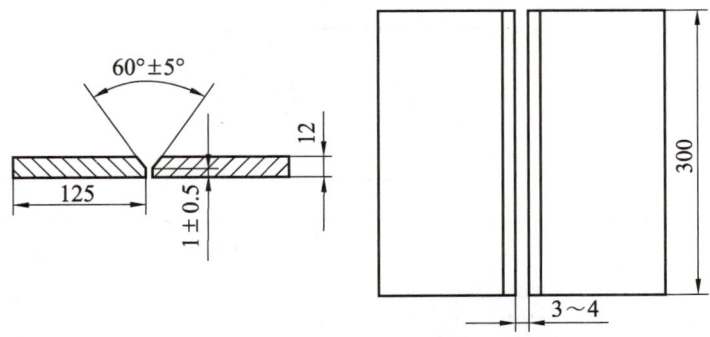

图 2-16　钢板

2. 任务准备

准备焊条和焊接用具。其中，焊条为 $\phi3.2$ mm 和 $\phi4$ mm 的 E5015 碱性焊条，焊接用具包括弧焊电源、焊钳、角向磨光机、钢直尺、手锤、面罩、焊工手套等。

3. 实施过程

按如表 2-6 所示的操作步骤焊接钢板。在操作过程中，学生可将操作要点、遇到的问题等记录下来，填入表 2-6 中。操作完成后用肉眼和钢直尺检验焊件外观是否符合要求。指导老师对学生的作品打分。

表 2-6   焊接钢板的操作步骤

序号	操作步骤	简图	过程记录
1	焊前清理	15~20 打磨区 15~20	
2	定位焊（焊接对接接头的首尾两处）	≤10 ≤10	
3	打底焊	90° 75°~85°	
4	填充焊	75°~85°	
5	盖面焊		

任务三   认识气焊

⚙ 任务引入

　　小李是气焊车间一位年轻的焊工。有一天，小李的朋友小汤找到他，希望他能帮忙修复楼梯的金属栏杆。该金属栏杆已经年久失修，严重影响了楼梯的外观和安全性。小李仔细检查了栏杆的损坏程度后，决定使用气焊修复。准备好所需要的设备后，小李适当地调节了氧气和乙炔的气压和流量，开始修复金属栏杆。通过精湛的技巧和经验，他修复了金属栏杆的断裂部分，并给整个栏杆涂上了防锈漆，使其焕然一新，如图 2-17 所示。小汤看到修复后的金属栏杆时感叹气焊真神奇。

图 2-17　金属栏杆

想一想：在气焊过程中调节火焰时，氧气和乙炔的调节顺序是怎样的？

一、气焊概述

气焊是利用可燃性气体与氧气混合燃烧产生的热量来熔化焊件及填充材料的一种焊接方法。气焊最常使用的可燃性气体是乙炔，填充材料通常为焊丝，如图 2-18 所示。

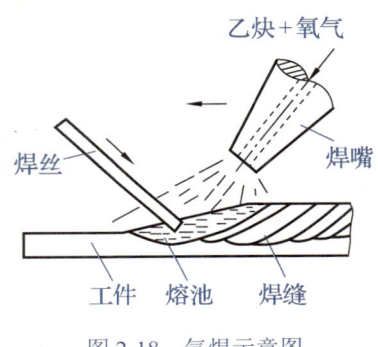

图 2-18　气焊示意图

与焊条电弧焊相比，气焊焊接时容易控制熔池温度，易于实现均匀焊透和单面焊双面成形。气焊设备简单，移动方便，施工场地不受限制，不需要电源，尤其适用于野外施工。但是，气焊也具有一定缺点，如火焰温度较低、热量分散、加热较慢、生产效率低、焊件变形严重等。气焊主要用于焊接厚度为 3 mm 以下的低碳钢薄板、薄壁管，以及铸铁件的焊补。对于铝、铜及其合金，当焊接质量要求不高时，也可以采用气焊。

二、气焊设备

常用的气焊设备包括氧气瓶、乙炔瓶、减压器、回火保险器、气焊炬等，如图 2-19 所示。

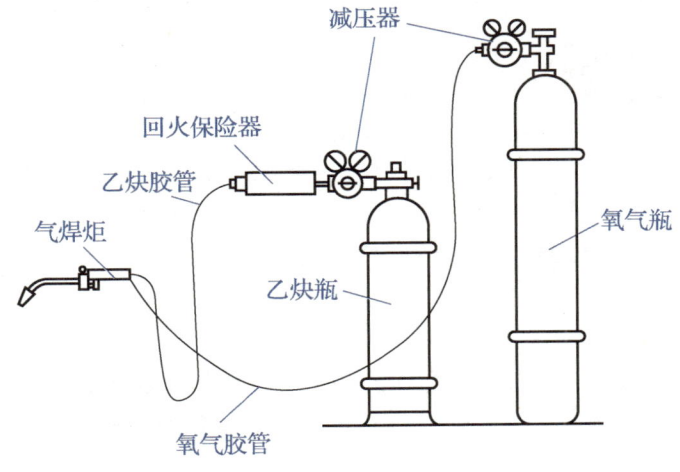

图 2-19　气焊设备

1．氧气瓶

氧气瓶是储存和运输氧气的高压容器，如图 2-20 所示。常用氧气瓶的容积为 40 L，其在 15 MPa 工作压力和常温下可储存氧气。氧气瓶的外表面应涂成天蓝色，并印有"氧气"黑色字样。

为防止氧气瓶爆炸，使用时应注意以下几点：① 放置氧气瓶时一定要平稳可靠，不得与其他瓶混放在一起；② 运输氧气瓶时应避免相互碰撞；③ 氧气瓶不得靠近气焊工作场地和其他热源（如火炉、锅炉等）；④ 严禁氧气瓶上沾染油脂；⑤ 氧气瓶夏季要防止暴晒，冬季阀门冻结时严禁采用火烤的方式解冻。

2．乙炔瓶

乙炔瓶是储存和运输乙炔的容器，如图 2-21 所示。其外表与氧气瓶相似，只是涂成白色，并印有"乙炔"和"不可近火"红色字样。

由于乙炔是易燃易爆物质，因此乙炔瓶内应装有浸满丙酮的多孔性填料，使乙炔可以稳定而又安全地储存。乙炔阀门下面的填料中心应放有石棉，其作用是促使乙炔从多孔性填料中分解出来。

使用乙炔瓶时应注意以下几点：① 乙炔瓶必须配备回火保险器，瓶内温度不得超过 40 ℃；② 乙炔瓶不得遭受剧烈震动；③ 乙炔瓶和氧气瓶之间距离不得小于 5 m；④ 存放乙炔瓶的场地应注意通风。

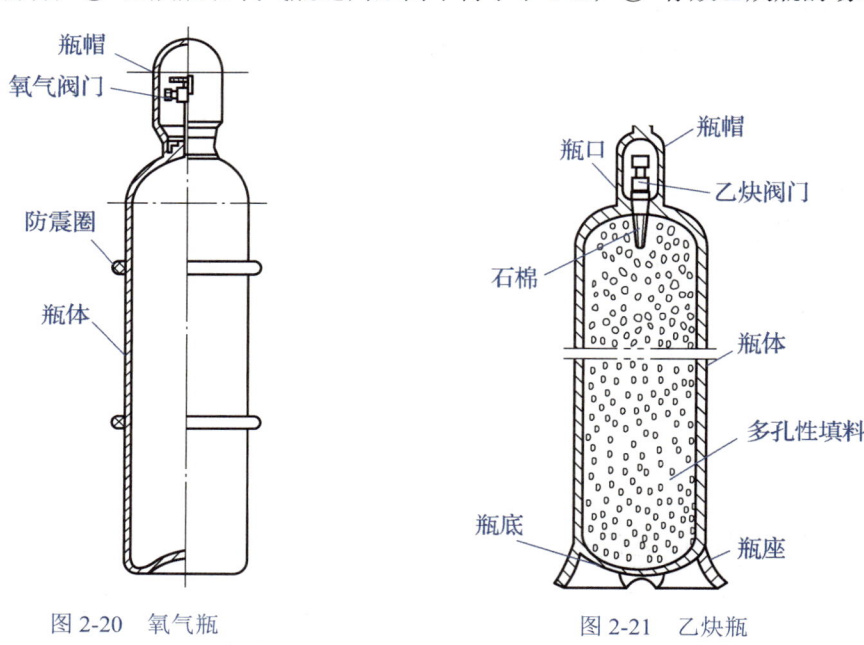

图 2-20　氧气瓶　　　　　　　　　图 2-21　乙炔瓶

3．减压器

减压器是将高压气体降为低压气体的调节装置，同时还有稳压的作用，使气体的工作压力不随瓶内压力的变化而变化。减压器主要由进气口、调节螺钉、外壳、高压表、低压表和出气口组成，如图 2-22 所示。根据减压气体的不同，减压器可分为乙炔减压器和氧气减压器。

4．回火保险器

回火保险器是装在乙炔减压器和气焊炬之间的安全装置，其作用是阻截回火，防止事故的发生。正常情况下，火焰在焊嘴外面燃烧，但当气体压力不足、焊嘴阻塞、焊嘴离焊件太近或焊嘴过热时，火焰会进入喷嘴内逆向燃烧，即回火。回火保险器可堵截火焰的逆向燃烧。

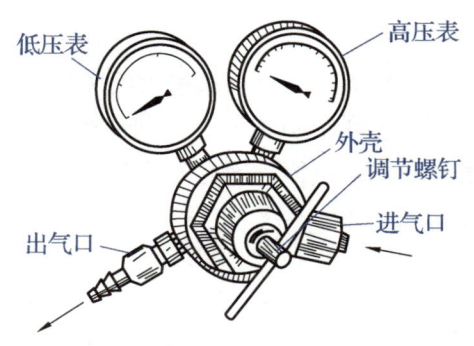

图 2-22　减压器

5．气焊炬

气焊炬是焊接时用于控制火焰的工具。气焊炬可将氧气和乙炔按照一定的比例混合均匀，由焊嘴喷出。根据气体混合方式的不同，气焊炬可分为射吸式气焊炬和等压式气焊炬两种，目前射吸式气焊炬应用比较广泛。

 知识链接

除了气焊设备之外，气焊还有一些辅助用具，如点火枪、护目镜和胶管等。

（1）点火枪是一种安全点火的工具。点火时，点火枪上的小齿轮与电石摩擦产生电火花，引燃乙炔等可燃气体。

（2）护目镜是一种防护眼镜。它既可以保护操作人员的眼睛不受火焰亮光的刺激，以便在焊接过程中能够仔细地观察熔池情况，又可防止飞溅的金属微粒对眼睛造成伤害。操作人员可根据需要和焊件材料性质选用不同颜色的护目镜镜片。因为颜色太深或太浅都不利于观察熔池情况，所以一般选用 3～7 号的黄绿色镜片。

（3）胶管是输送氧气和乙炔的软管。其中，氧气胶管为红色，内径为 8 mm，允许工作压力为 1.5 MPa；乙炔胶管为绿色或黑色，内径为 10 mm，允许工作压力为 0.5 MPa。

三、气焊材料与气焊火焰

1．气焊材料

气焊材料主要有氧气、乙炔、焊丝和气焊熔剂。

1）氧气

氧气是支持燃烧的气体，燃烧时与可燃气体发生化学反应，其纯度直接影响气焊的质量和效率。氧气一般储存于氧气瓶中，且纯度不低于 99.2%。

2）乙炔

乙炔是可燃性气体，其燃烧时的火焰温度可达 3 150 ℃左右，能迅速熔化金属，达到焊接的目的。乙炔是一种爆炸性气体，使用时应注意安全。

3）焊丝

焊丝是焊接时作为填充材料与熔化的母材一起形成焊缝的金属丝。一般情况下，焊丝的化学成分应与母材基本相同，有时直接从焊件上切下条料作为焊丝。此外，为了保证焊接接头质量，焊丝直径应与焊件厚度相适应。

4）气焊熔剂

气焊熔剂又称气焊粉，是气焊时的助熔剂，具有很强的反应能力，可迅速溶解某些氧化物。其作用是去除焊接过程中形成的氧化物，增加液态金属的流动性，保护熔池。

气焊低碳钢时，由于火焰能充分保护焊接区，因此不需要气焊熔剂。但在气焊铸铁、不锈钢、耐热钢和非铁金属时，必须使用气焊熔剂。

2．气焊火焰

气焊炬喷出的氧气与乙炔的混合气体燃烧形成的火焰为气焊火焰，称为氧乙炔焰。根据氧气与乙炔混合比例的不同，氧乙炔焰可分为三种，分别为碳化焰、中性焰和氧化焰，如图 2-23 所示。

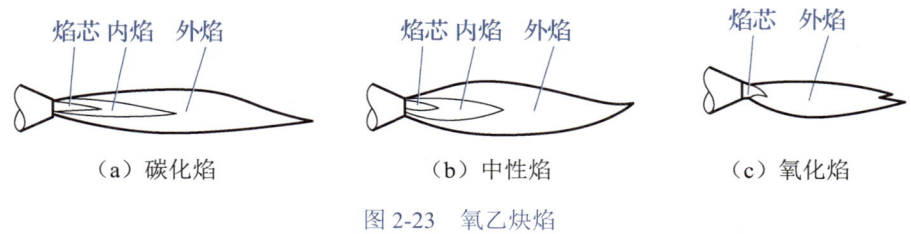

图 2-23　氧乙炔焰

1）碳化焰

碳化焰是氧气与乙炔的混合比小于 1.1 时燃烧形成的火焰，由焰芯、内焰和外焰三部分组成，如图 2-23（a）所示。碳化焰是氧乙炔焰中最长的火焰，但最高温度只有 2 700～3 000 ℃。

碳化焰燃烧时乙炔过剩，火焰中有游离状态的碳和过量氢，碳会渗透到熔池中造成焊缝增碳现象。碳化焰主要应用于焊接含碳量较高的高碳钢、铸铁、硬质合金及高速钢等。

2）中性焰

中性焰是氧气与乙炔的混合比为 1.1～1.2 时燃烧形成的火焰，由焰芯、内焰和外焰三部分组成，如图 2-23（b）所示。中性焰比碳化焰短，在焰芯前 2～4 mm 处温度最高，可达到 3 150 ℃。

中性焰的火焰燃烧充分，燃烧产生的 CO_2 和 CO 对熔池有保护作用。中性焰主要用于焊接低碳钢、中碳钢、不锈钢、紫铜、铝及其合金等。

3）氧化焰

氧化焰是氧气与乙炔的混合比大于 1.2 时燃烧形成的火焰，由焰芯和外焰两部分组成，如图 2-23（c）所示。氧化焰比中性焰短，最高温度可达 3 100～3 300 ℃。

氧化焰燃烧时氧气过剩，在尖形焰芯外面形成了一个具有氧化性的富氧区，故对熔池有强烈的氧化作用，一般气焊时不宜采用。只有在气焊黄铜、镀锌板时才采用轻微氧化焰。

四、气焊的基本操作

气焊的基本操作有点火、调节火焰、开始焊接、移动气焊炬与焊丝、熄火、检验。

1．点火与调节火焰

点火时，应先逆时针微微旋转氧气阀门放出氧气，再逆时针微开乙炔阀门，使氧气和乙炔在气焊炬内形成混合气体并喷出后，开始点火。刚点燃的火焰是碳化焰，慢慢开大氧气阀门，调整到所需的火焰。火焰大小可以按照焊件厚度调整。值得注意的是，若要增大火焰，需要先增加乙炔，后增加氧气；若要减小火焰，需要先减少氧气，后减少乙炔。

2．开始焊接

焊接时一般右手持气焊炬，左手持焊丝。两手的动作要协调，且应使焊嘴轴线的垂直投影与焊缝重合，并控制好焊嘴的倾斜角。

焊接开始时，为迅速加热焊件，尽快形成熔池，倾斜角应大些，一般为80°～90°。熔池形成后，倾斜角应保持在30°～50°。但当焊接厚件时，为使热量集中、升温快、熔池大，倾斜角应适当增大。气焊炬向前移动的速度应能保证焊件熔化且熔池具有一定大小，焊件熔化形成熔池后，再将焊丝适量地熔化在熔池内。焊接结束后，倾斜角应适当减小，以填满弧坑，避免焊穿。

3．移动气焊炬与焊丝

焊接时，气焊炬与焊丝沿焊缝移动，不断地熔化焊件和焊丝形成熔池，熔池金属冷却后形成焊缝；气焊炬沿待焊接缝做横向摆动以充分加热焊件，并利用混合气体的冲击力搅拌熔池，使熔渣浮出；焊丝亦做横向摆动并垂直于焊缝跳动，以控制熔池热量和焊丝送给量。焊接时，气焊炬与焊丝有规律地、协调地运动，使成形的焊缝高度和宽度均一致。常用的气焊炬与焊丝摆动方法如图2-24所示。

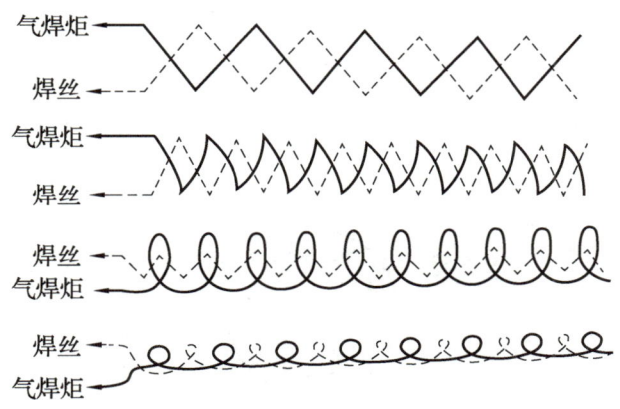

图2-24 常用的气焊炬与焊丝摆动方法

4．熄火与检验

熄火时，应先顺时针旋转乙炔阀门，直至关闭；再顺时针旋转氧气阀门，直至关闭。这种关闭方法可避免回火。当发生回火时，应先迅速关闭氧气阀门，然后再关闭乙炔阀门。

对气焊焊缝质量的检验与焊条电弧焊大致相同，在此不再赘述。

✿ 任务实施——焊接低碳钢管

1．任务描述

本任务是以对接接头形式，在水平方向上完成小径管的固定焊。焊件为两根低碳钢管，尺寸为$\phi 60\ mm \times 4\ mm \times 100\ mm$，单边V形坡口30°。技术要求：焊件外观检测无明显变形，焊缝内部检测无裂纹、气孔等缺陷。焊接火焰为中性焰。

2．任务准备

准备焊丝、焊接设备及工具。其中，焊丝尺寸为$\phi 2.5\ mm$，焊接设备及工具有气焊炬、焊嘴、角句磨光机、钢直尺、氧气瓶、乙炔瓶、手锤。

3．实施过程

按如表 2-7 所示的操作步骤焊接低碳钢管。在操作过程中，学生可将操作要点、遇到的问题等记录下来，填入表 2-7 中。操作完成后用肉眼和游标卡尺检验焊件外观是否符合要求。指导老师对学生的作品打分。

表 2-7　焊接低碳钢管的操作步骤

序号	操作步骤	简图	过程记录
1	焊前清理		
2	定位焊		
3	打底焊		
4	盖面焊	同打底焊	

项目综合实训——焊接钢板

1．项目描述

熟悉了焊接的工艺要求之后，请同学们焊接 T 形接头的钢板。钢板材料为 Q235，尺寸为 150 mm×80 mm×12 mm。焊条为酸性焊条 E4303，直径为 ϕ3.2 mm。技术要求：焊件外观检测无明显变形，内部检验无裂纹、气孔等缺陷。

2．实训内容

1）焊接设备及工具

焊接设备及工具主要有弧焊电源、焊钳、角向磨光机、钢直尺、手锤、面罩、防护手套等。

2）操作步骤

（1）焊前清理。清除焊缝附近（20 mm 以内）的污物、铁锈、氧化物，使其露出金属光泽，并烘干焊件。

（2）装配与定位。将钢板装配好，然后在 T 形接头的首尾两端距离焊件两端 10 mm 处进行定位焊。

（3）焊接。焊道分布如图 2-25 所示。其中，焊道 1 为打底焊的焊道，焊道 2 和焊道 3 为盖面焊的焊道。

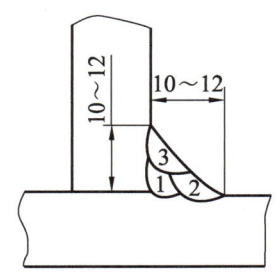

图 2-25　焊道分布

① 打底焊。焊条角度如图 2-26 所示。设置焊接电流为 130～140 A，采用直线运条法，并在焊缝两端做好开始焊接与收尾的操作；焊接过程中，观察熔池，使熔池下沿与底板熔合良好，熔池上沿与立板熔合良好，焊缝对称。

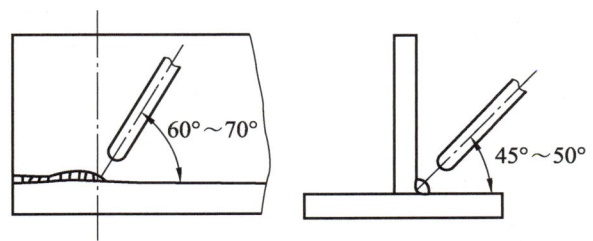

图 2-26　打底焊时的焊条角度

② 盖面焊。焊条角度如图 2-27 所示。焊接前，将打底焊的焊渣清理干净，设置焊接电流为 130～140 A，焊盖面焊的焊道 2 时，应使电弧对准打底焊焊道的下沿，以直线运条法运条。焊盖面焊的焊道 3 时，应使

电弧应对准打底焊的上沿，焊条稍稍进行横向摆动，使熔池上沿与立板平滑过渡，熔池下沿与焊道 2 均匀过渡。焊接速度要均匀，最终形成表面光滑且略带凹形的焊缝。

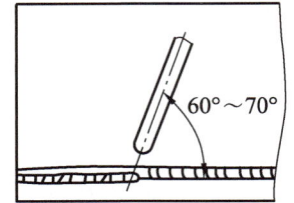 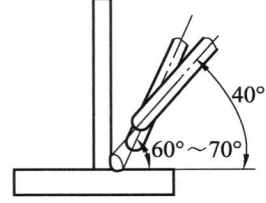

图 2-27　盖面焊时的焊条角度

（4）检验。肉眼观察并用钢直尺对焊件进行外观检验。

项目考核

1．填空题

（1）焊接时形成的连接两个焊件的接缝称为_____。

（2）根据工作原理不同，焊接可分为_____、_____和_____。

（3）气焊是利用_____与_____混合燃烧产生热量来熔化_____的一种焊接方法。

（4）焊条是焊条电弧焊所用的焊接材料，由_____和_____两部分组成。

（5）根据熔渣化学性质的不同，焊条可分为_____和_____。

2．选择题

（1）下列不属于焊接接头形式的是_____。　　　　　　　　　　　　　（　　）

　　A．对接接头　　　　　B．Y 形接头　　　　C．角接接头　　　　D．搭接接头

（2）下列不属于焊接位置的是_____。　　　　　　　　　　　　　　　（　　）

　　A．平焊　　　　　　　B．斜焊　　　　　　C．立焊　　　　　　D．横焊

（3）焊条电弧焊的基本操作不包括_____。　　　　　　　　　　　　　（　　）

　　A．清理　　　　　　　B．引弧　　　　　　C．运条　　　　　　D．收尾

（4）下列不属气焊辅助用具的是_____。　　　　　　　　　　　　　　（　　）

　　A．点火枪　　　　　　B．电缆　　　　　　C．护目镜　　　　　D．胶管

（5）下列不属于气焊设备的是_____。　　　　　　　　　　　　　　　（　　）

　　A．氧气瓶　　　　　　B．乙炔瓶　　　　　C．减压器　　　　　D．交流电焊机

3．判断题

（1）焊条按照用途分为酸性焊条和碱性焊条。　　　　　　　　　　　　　　（　　）

（2）焊条电弧焊的引弧方法有擦划法和敲击法。　　　　　　　　　　　　　（　　）

（3）用焊条电弧焊进行焊接时，收尾操作就是熄弧。　　　　　　　　　　　（　　）

（4）焊件检验只包括外观检验。　　　　　　　　　　　　　　　　　　　　（　　）

（5）气焊材料主要有氧气、乙炔、焊丝和气焊熔剂。　　　　　　　　　　　（　　）

4．问答题

（1）简述焊接的定义。

（2）简述焊接的特点。

（3）简述焊条电弧焊中焊条的选用原则。

（4）简述气焊的基本操作。

项目评价

指导教师根据学生的实际学习成果对其进行评价，学生配合指导教师共同完成学习成果评价表，如表 2-8 所示。

表 2-8 学习成果评价表

姓名：　　　　　　组号：　　　　　　指导教师：

评价项目	评价内容	满分/分	评分/分		
			自评	互评	师评
知识 （30%）	了解焊接的基础知识	6			
	了解焊条电弧焊的弧焊电源、用具及焊条	6			
	掌握焊条电弧焊的焊接工艺参数和基本操作	6			
	了解气焊的设备、材料及气焊火焰	6			
	掌握气焊的基本操作	6			
技能 （50%）	能用焊条电弧焊焊接对接接头的钢板	15			
	能用气焊焊接低碳钢管	15			
	能用焊条电弧焊焊接 T 形接头的钢板	20			
素养 （20%）	积极参加实习活动，主动学习、思考、讨论	5			
	认真负责，按时完成学习任务	5			
	团结协作，与组员之间密切配合	5			
	服从指挥，遵守实习纪律	5			
合计		100			
总评	自评（20%）＋ 互评（20%）＋ 师评（60%）＝		综合等级：		
自我评价					
指导教师 评价					

项目三

钳 工

项目导读

钳工是一种相对复杂、工艺要求较高的加工方法，可以直接对工件进行加工。虽然目前出现了各种先进的加工方法，但钳工作为机械加工中最古老的金属加工技术，因其具有所用工具简单、加工多样灵活、操作方便、适用面广等特点，在机械加工中仍然有着不可替代的作用。并且，随着机械工业的发展，钳工的应用范围日益扩大。

本项目将带大家学习钳工的相关基础知识及常用的钳工工艺等内容。

知识目标

◆ 熟悉钳工常用的设备和量具。

◆ 掌握划线、锯削、錾削、锉削的方法。

◆ 掌握孔加工、螺纹加工的方法。

技能目标

◆ 能够加工六角工件。

◆ 能够加工六角螺母。

◆ 能够加工锤头。

素质目标

◆ 发扬好学上进、拼搏创新的学习精神。

◆ 养成追求卓越、精益求精的工作作风。

任务一　认识钳工

🔧 任务引入

　　小李在组装管件时发现，其中一段钢管过长，需要截掉一段。于是，他拿着钢管，找到具有丰富零件加工和设备维修经验的张师傅帮忙。张师傅在用台虎钳夹住钢管、量好尺寸后，用手锯锯削钢管（见图 3-1），很快就将多余的部分截掉了。张师傅表示这是钳工最基本的操作。

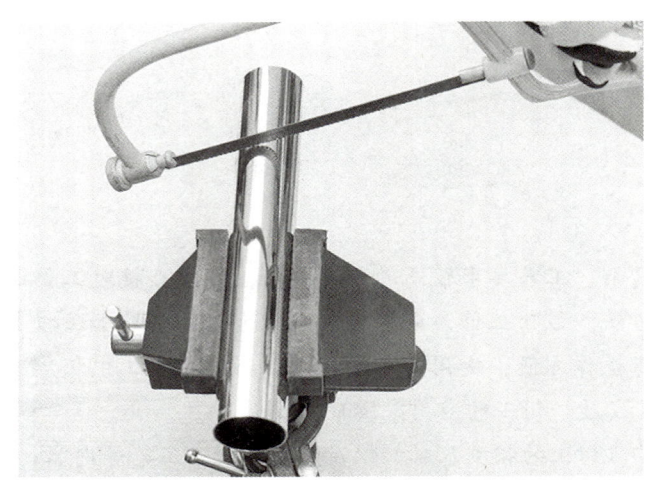

图 3-1　用手锯锯削钢管

　　想一想：钳工的主要任务是什么？有哪些基本操作？

　　钳工是指操作人员手持工具对工件进行加工的方法，其基本操作有划线、锯削、錾削、锉削、孔加工、螺纹加工等。由于钳工以手工操作为主，因此劳动强度大，对操作人员的技术要求高，生产效率低，但钳工使用的设备和工具简单，加工灵活，可以完成常规机械加工方法很难完成或不能完成的工作。下面从钳工的常用设备和常用工具两方面来认识钳工。

钳工

一、常用设备

　　钳工的常用设备主要有钳工工作台、台虎钳、砂轮机、钻床等。

1. 钳工工作台

　　钳工工作台是用于安装台虎钳，放置工具和工件的工作台，如图 3-2 所示。钳工工作台一般由角铁和坚实木材制成，台前装有防护网，台面高度通常为 900 mm。钳工的基本操作大都在钳工工作台上进行。

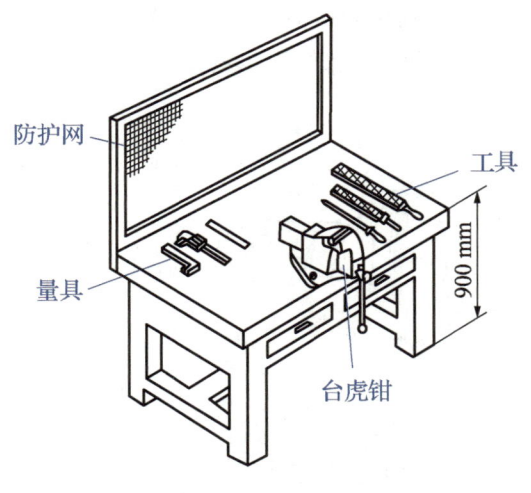

图 3-2 钳工工作台

2．台虎钳

台虎钳是用于夹持工件的工具，一般安装在钳工工作台的边缘，其规格用钳口宽度来表示，常用的有 100 mm、125 mm 和 150 mm 三种规格。台虎钳有固定式台虎钳和回转式台虎钳两种，如图 3-3 所示。两者的主要结构和工作原理基本相同，其不同点是回转式台虎钳比固定式台虎钳多了一个转盘座，工作时钳身可在转盘座上回转，以满足不同方位的加工需求。

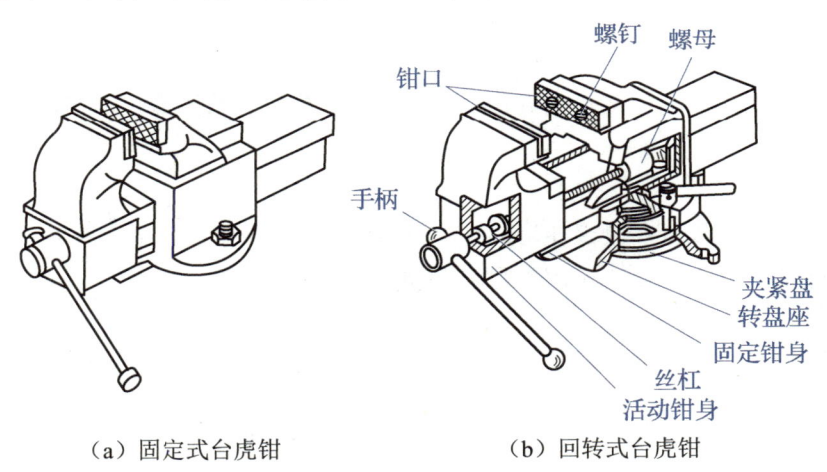

（a）固定式台虎钳　　　　　（b）回转式台虎钳

图 3-3 台虎钳

使用台虎钳时应注意以下几点。

（1）工件应尽量夹持在钳口中部，使钳口受力均匀。

（2）当转动手柄夹紧工件时，松紧要适当，且只能用手扳紧手柄，不得借助其他工具加力，以免损坏台虎钳丝杠或螺母上的螺纹。

（3）夹持表面光洁的工件时，应垫铜皮或铝皮加以保护。

（4）不能在活动钳身的导轨面上进行敲击，以免降低导轨的配合精度。

3．砂轮机

砂轮机是用于刃磨钳工所用的各种刀具或工件的机器，主要由砂轮、电动机和机体组成，如图 3-4

所示。常见的砂轮有白色氧化铝砂轮和绿色碳化硅砂轮。前者韧性好、较锋利，但硬度稍低，其主要用于刃磨高速工具钢刀具；后者硬度高、切削性能好，但较脆，其主要用于刃磨硬质合金钢刀具。

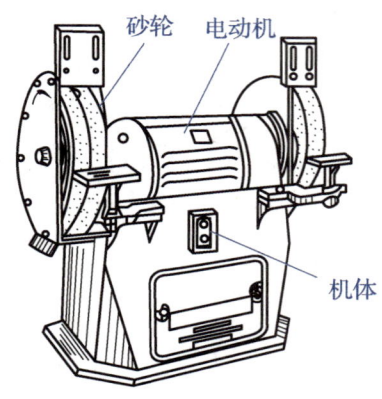

图 3-4　砂轮机

使用砂轮机时应注意以下几点。

（1）砂轮的旋转方向必须与指示牌的标注相符，从而使磨屑向下飞溅。

（2）启动砂轮机后，应待砂轮转速正常后开始磨削。若砂轮表面跳动严重，应停止使用。

（3）进行磨削时，不可施加过大压力，以防止砂轮碎裂。

（4）操作人员应戴好防护眼镜，站在砂轮的侧面，不可正对砂轮，以防受伤。

4．钻床

钻床是加工孔的机床，可进行钻孔、扩孔、锪孔、铰孔、攻螺纹等操作。常用的钻床有台式钻床、立式钻床和摇臂钻床等。

1）台式钻床

台式钻床简称台钻，是放置在桌上使用的小型钻床，如图 3-5 所示。台式钻床具有结构简单、小巧灵活、使用方便等特点，多用于加工小型零件上直径小于 13 mm 的孔。

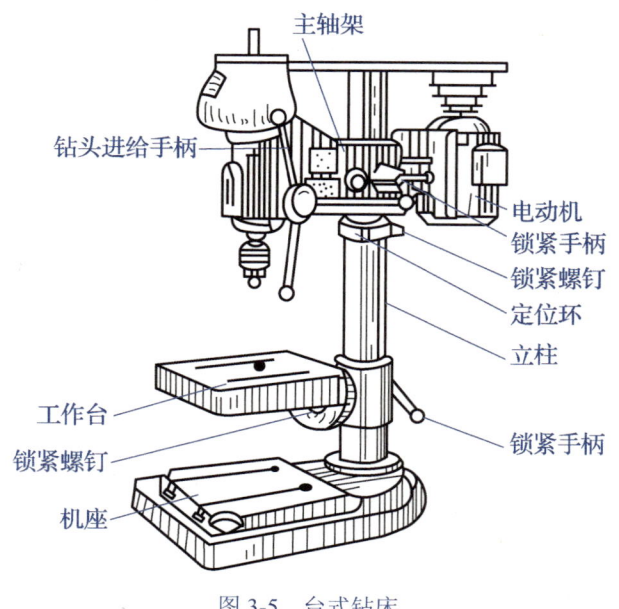

图 3-5　台式钻床

2）立式钻床

立式钻床简称立钻，其进给箱和工作台可沿立柱上下移动，既可手动操作，又可自动操作，如图 3-6 所示。立式钻床的主轴相对于工作台的位置是固定的，钻完一个孔再钻另一个孔时，必须移动工件使钻头与工件上的钻孔中心重合。立式钻床只适用于加工中、小型工件上直径小于 25 mm 的孔。

3）摇臂钻床

摇臂钻床有一个能绕立柱旋转的摇臂，摇臂可带着主轴箱绕立柱转动和沿立柱垂直移动，且主轴箱还可在摇臂上横向移动，如图 3-7 所示。操作时，在不需要移动工件的情况下，摇臂钻床能很方便地调整刀具的位置，使刀具对准被加工孔的中心。摇臂钻床主要用于加工一些笨重的大型工件，以及多孔工件上直径小于 50 mm 的孔，广泛应用于单件或成批生产中。

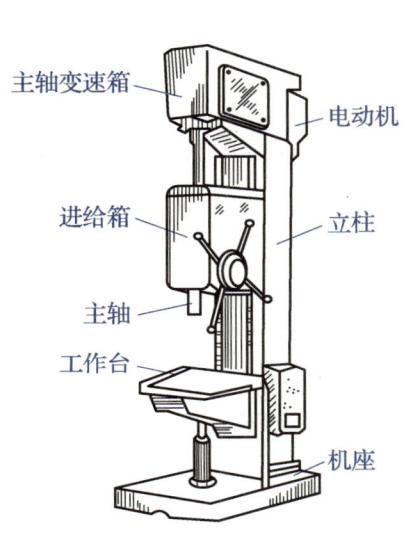

图 3-6　立式钻床

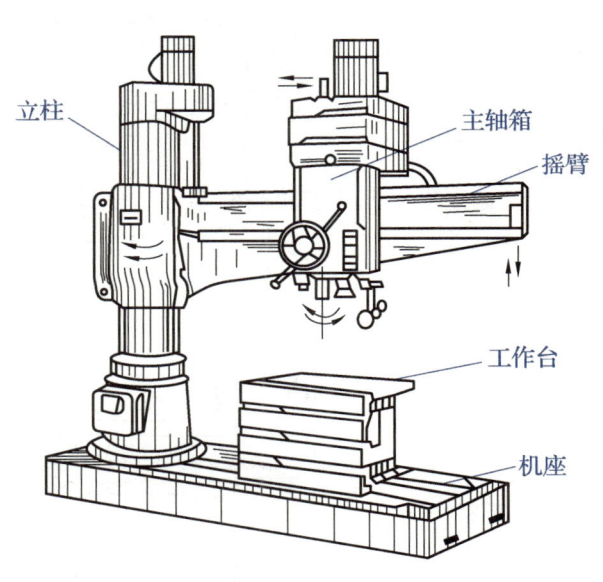

图 3-7　摇臂钻床

二、常用量具

钳工的量具主要用于对加工前的毛坯进行检验，并对加工过程中和加工完成后的零件进行检测。常用量具有钢直尺、直角尺、游标卡尺、千分尺、百分表、游标万能角度尺等。

1. 钢直尺

钢直尺是用来直接测量零件长度、宽度和厚度的量具，主要规格有 150 mm、300 mm、500 mm、1 000 mm 四种，如图 3-8 所示为 150 mm 的钢直尺。有的钢直尺除有公制刻度线外，还有英制刻度线。使用钢直尺时应使其贴近被测物体，读数时视线应与钢直尺垂直。

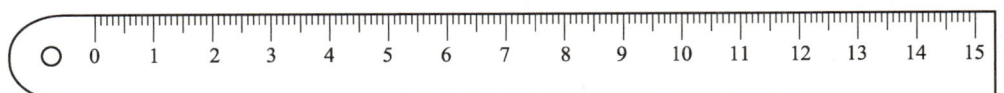

图 3-8　150 mm 的钢直尺

2．直角尺

如图 3-9 所示，直角尺是两边呈 90°的用于检测工件垂直度的量具。用直角尺检测工件时，应将其一边与工件的基准面贴合，观察工件的另一面与直角尺的另一边是否贴合，若贴合则说明工件的这两个面垂直，否则不垂直。

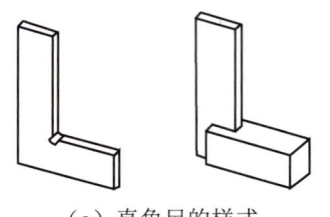

（a）直角尺的样式 　　　　　　　　（b）用直角尺检测工件

图 3-9　直角尺

3．游标卡尺

游标卡尺是测量精度要求较高的零件的量具，其样式很多，现以常用的游标卡尺为例进行介绍。游标卡尺主要由主尺、副尺、量爪、螺钉和深度尺组成，如图 3-10 所示。

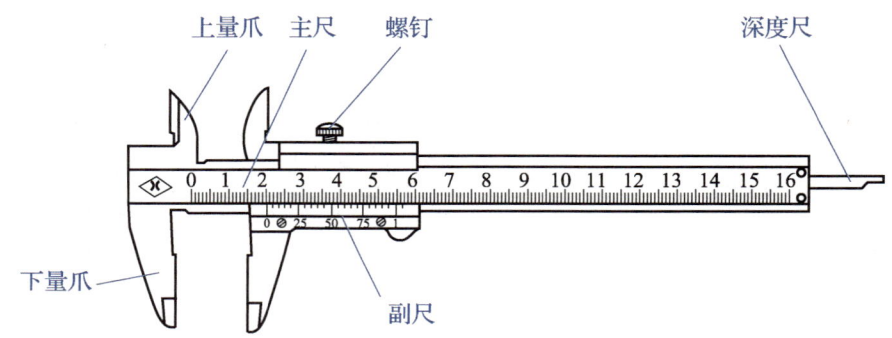

图 3-10　游标卡尺的组成

游标卡尺的读数是由主尺和副尺两部分的读数组成的。零件尺寸的整数部分，可在副尺零线左边的主尺刻度线上读出，而小数部分，可借助副尺读出。游标卡尺通常有 0.1 mm、0.05 mm、0.02 mm 三种精度，下面以精度为 0.1 mm 的游标卡尺为例，说明其刻度线原理及读数方法。

对于精度为 0.1 mm 的游标卡尺，其主尺上最小分格为 1 mm，而副尺总长为 9 mm，其共有 10 个等分格，每格长 0.9 mm。因此，副尺的每一分格都比主尺的每一分格小 0.1 mm。这种游标卡尺可以精确到 0.1 mm，小数部分可以是数字 0 到 9 中的任意一个。如图 3-11 所示为精度为 0.1 mm 的游标卡尺读数示例。读数时，首先读出副尺零线左边主尺上的整数部分，读数为 37 mm；然后看副尺上哪一条刻度线与主尺对齐，读出小数部分，读数为 0.4 mm；最后把整数部分和小数部分相加即可，读数为 37.4 mm。

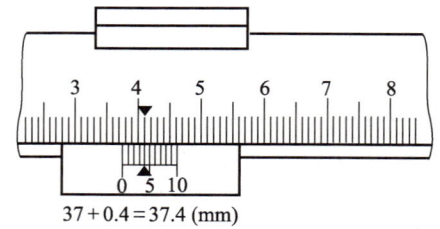

37 + 0.4 = 37.4 (mm)

图 3-11　精度为 0.1 mm 的游标卡尺读数示例

4．千分尺

千分尺又称螺旋测微器，是一种精密量具，精度为 0.01 mm，适用于测量精度要求较高的零件的外径、内径、长度、形状偏差、厚度等。根据用途不同，千分尺可分为外径千分尺、内径千分尺、公法线千分尺、螺纹千分尺、深度千分尺和壁厚千分尺等。现以常用的外径千分尺为例进行介绍。

外径千分尺主要由尺架、砧座、测微螺杆、锁紧装置、固定套管、微分筒和棘轮等组成，如图 3-12 所示。测量时，先转动微分筒，使测微螺杆端面逐渐接近零件被测表面，再转动棘轮，直到棘轮打滑并发出"咔咔"声为止，此时可读出零件尺寸。

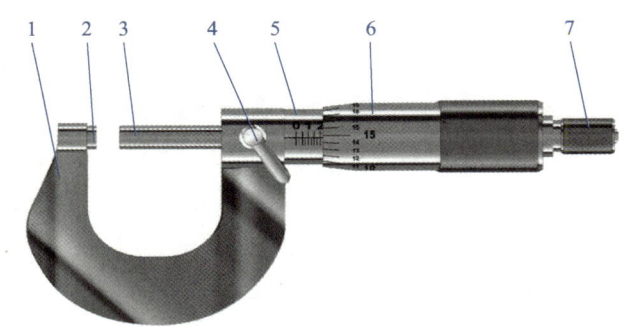

1—尺架；2—砧座；3—测微螺杆；4—锁紧装置；5—固定套管；6—微分筒；7—棘轮。

图 3-12　外径千分尺的组成

外径千分尺螺纹的螺距是 0.5 mm，微分筒沿圆周方向有 50 个等分格，微分筒每旋转一周，测微螺杆可前进或后退 0.5 mm，因此微分筒每旋转一格，相当于测微螺杆前进或后退 0.5/50＝0.01（mm），即外径千分尺可精确到 0.01 mm。外径千分尺读数时，可按下列步骤进行，如图 3-13 所示。

（1）读出固定套管上露出刻度线的整数部分。若微分筒的旋转位置超过半格，则读出的整数应加 0.5 mm。

（2）看准微分筒上哪一格与固定套管上的基准线（长横线）对准，读出小数部分。读数时应从固定套管中线下侧刻度线看起。

（3）将整数部分和小数部分相加，结果即为被测零件的尺寸。

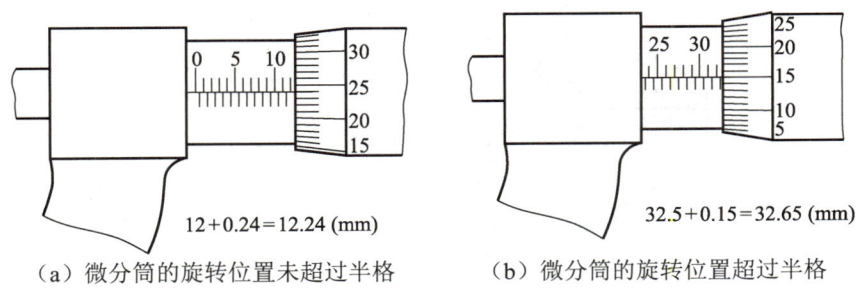

$12+0.24=12.24$ (mm)　　　　$32.5+0.15=32.65$ (mm)

（a）微分筒的旋转位置未超过半格　　（b）微分筒的旋转位置超过半格

图 3-13　外径千分尺的读数

5．百分表

百分表是一种测量精度为 0.01 mm 的机械式量具，只能测出相对数值而不能测出绝对数值，因此它是一种比较量具。百分表主要用于测量工件的形状误差（如圆度误差、平面度误差等）和位置误差（如平行度误差、垂直度误差等），也常用于零件安装时的校正工作。

百分表的结构如图 3-14（a）所示。使用时，百分表安装在专用的百分表架上，如图 3-14（b）所示。

当测量杆向上或向下移动 1 mm 时，百分表内部的大指针转一圈，小指针转一格。因为刻度盘在圆周上有 100 个等分格，所以大指针每格数值为 1/100 = 0.01（mm），小指针每格数值为 1 mm。测量时，大、小指针的读数之和即为尺寸变化量。

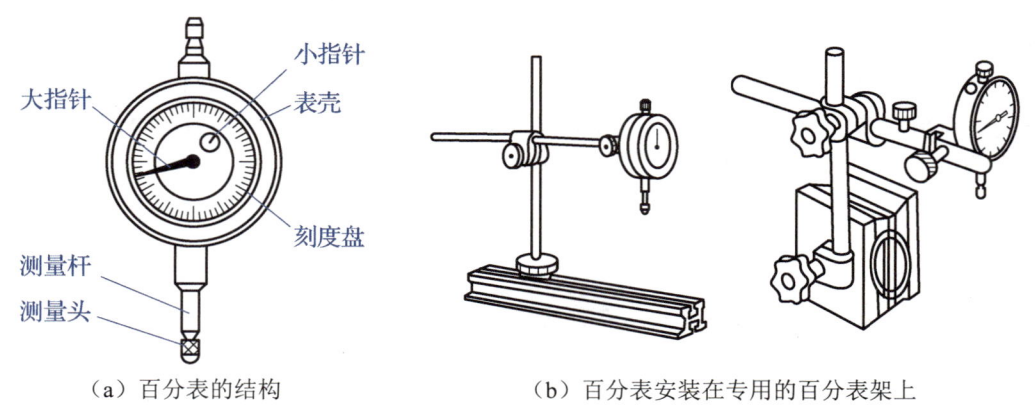

（a）百分表的结构　　　　　　　（b）百分表安装在专用的百分表架上

图 3-14　百分表和百分表架

6. 游标万能角度尺

游标万能角度尺又称游标量角器，是用来测量零件或样板内、外角度的量具。如图 3-15 所示，游标万能角度尺主要由主尺、角尺、基尺、直尺、制动器、游标、扇形板、卡块等组成。

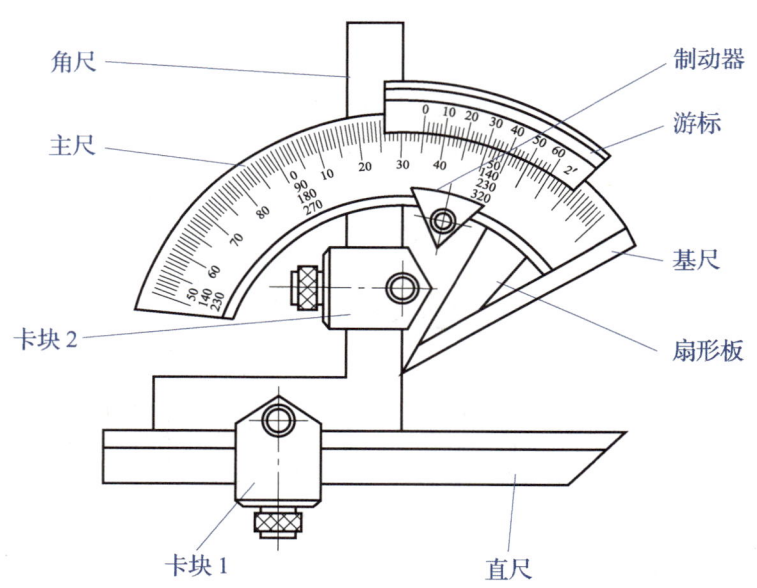

图 3-15　游标万能角度尺的组成

在使用游标万能角度尺测量角度前应先校对零位，即将角尺、直尺与主尺组装在一起，且角尺的底边、基尺均与直尺无间隙接触。

万能游标角度尺主尺上每格为 1°，而游标上总度数为 29°，被分为 30 格，每格为 58′，主尺与游标上每格相差 2′，因此测量精度为 2′。读数时，首先读出游标零线左边主尺上的整数部分，然后看游标上哪一条刻度线与主尺对齐，读出小数部分，最后将整数部分与小数部分相加即可。

任务实施——参观钳工实训室

1．任务描述

参观钳工实训室，将学到的钳工基础知识与现实联系起来。在参观过程中，需要做到以下几点。

（1）了解钳工实训室的规章制度，熟悉紧急停止按钮和灭火器的位置，并能应对紧急情况。

（2）熟悉钳工常用设备，如钳工工作台、台虎钳、砂轮机、钻床等。

（3）观察并记录钳工实训室中常用工具，如手锯、锉刀、钢直尺、划规、丝锥等。

2．任务准备

在参观钳工实训室之前，需要了解进出钳工实训室的要求，并准备工作服、防护帽等。

3．实施过程

有序进入钳工实训室后，认真听指导教师讲解钳工实训室的规章制度，直观地认识钳工的实际操作和生产环境，并记录钳工实训室中常见的用具，将表 3-1 填写完整。

表 3-1　钳工实训室中常见的用具

名称	图示	名称	图示

表 3-1（续）

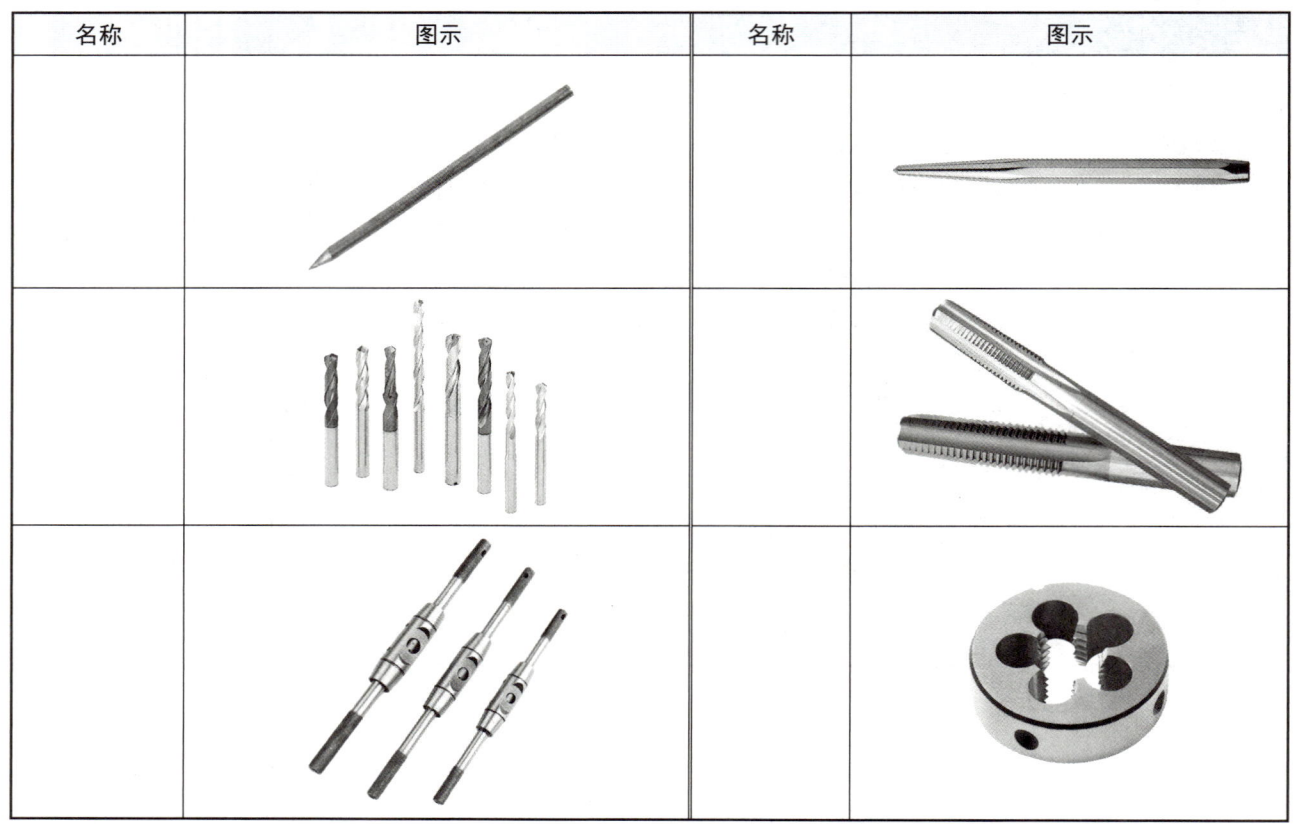

名称	图示	名称	图示

任务二　划线、锯削、錾削、锉削

任务引入

小王是钳工车间的一名学徒。师傅要求他从一个长 50 cm 的槽钢上截取一段长 20 cm 的槽钢，且得到的新端面要与原端面平行。小王测量后就开始锯削，锯削完成后发现新锯削出的端面不是平面，而是斜面。他很疑惑，自己是按固定长度锯削的，怎么会锯削出斜面呢？他查阅了很多资料，终于找到了正确的操作方法。于是他按照正确的操作方法先划线以明确操作界线，再进行锯削，且锯削期间进行多次装夹，然后锉削以去除毛刺，最终得到了符合要求的槽钢。

想一想：在进行划线、锯削、锉削等操作时会用到什么工具？

一、划线

划线是在工件的毛坯或半成品上按照零件图样要求的尺寸划出加工界线的操作。划线分为平面划线和立体划线。其中，平面划线是指在工件的一个平面上划线，如图 3-16（a）所示；立体划线是指在工件的几个表面上划线，即在工件的长、宽和高三个方向上划线，如图 3-16（b）所示。下面主要介绍划线工具、划线的作用与划线基准的选择。

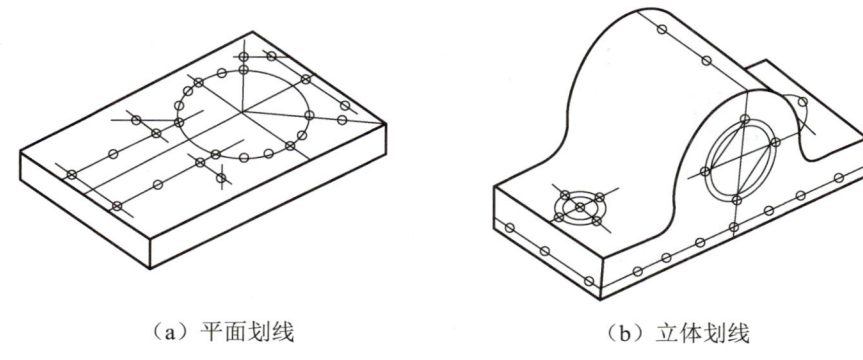

（a）平面划线　　　　　　　　　（b）立体划线

图 3-16　划线

1．划线工具

常用的划线工具主要有划线平板、划针、划线盘、划规、高度游标卡尺和样冲等。

1）划线平板

划线平板又称划线平台，是由铸铁毛坯经过精加工制成的基准工具，如图 3-17 所示。其上表面是划线用的基准平面，划线过程通常在基准平面上完成。

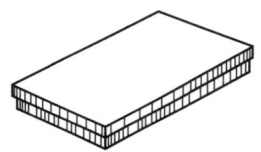

图 3-17　划线平板

2）划针

划针是在工件上划线的工具，如图 3-18（a）所示。一般来讲，划针与钢直尺或直角尺等导向工具一起使用。使用时，应将划针紧贴着导向工具的边缘，上部向外倾斜约 8°～12°，向划线方向倾斜 45°～75°，如图 3-18（b）所示。使用划针划线时，应尽可能一次完成，并使线条清晰、准确。

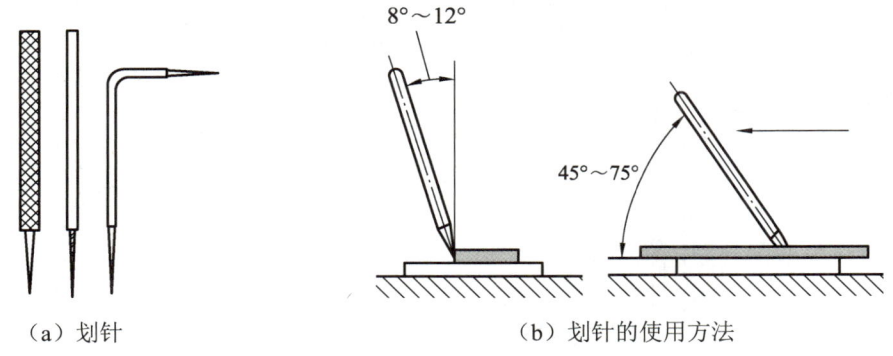

8°～12°

45°～75°

（a）划针　　　　　　　　　　（b）划针的使用方法

图 3-18　划针及其使用方法

3）划线盘

划线盘是立体划线和校正工件位置时常用的划线工具，如图 3-19 所示。使用划线盘时，首先将划针调节到一定高度，接着在划线平板上移动划线盘，即可在工件上划出与划线平板平行的线。此外，还可以用划线盘对工件进行找平。

4）划规

划规是平面划线的主要工具，如图 3-20 所示。划规的使用方法与几何作图中的圆规类似。

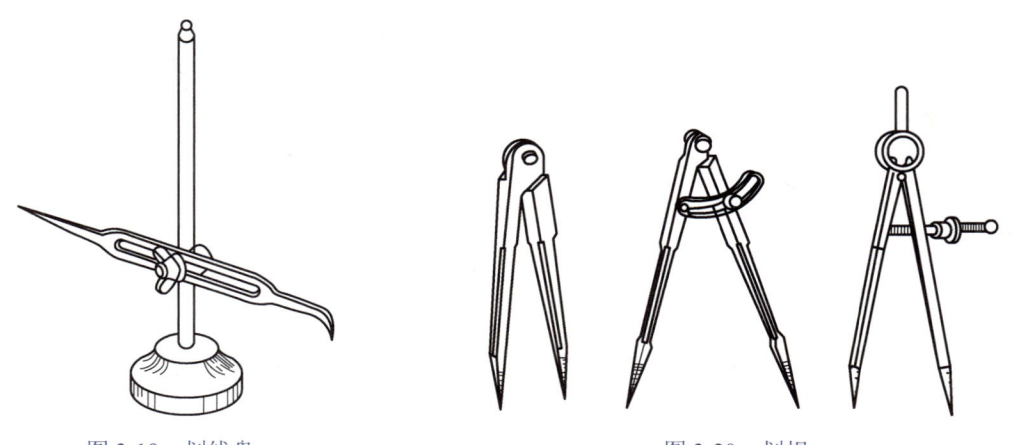

图 3-19　划线盘　　　　　　　　　　　　图 3-20　划规

5）高度游标卡尺

高度游标卡尺又称高度尺，主要用于测量工件高度，此外还可用于在半成品上划线，如图 3-21 所示。尽量不要用高度游标卡尺在毛坯上划线，以免过快磨损卡脚。

6）样冲

样冲是划线时在线上或线的交点上冲眼的工具。冲眼的目的是加强加工界线，保证所划的线在模糊后仍能找到原线的位置。此外，钻孔前，在孔中心冲眼，有利于钻头定心。

样冲的使用方法如图 3-22 所示，首先用手捏住样冲中部，然后移动样冲尖部来寻找并对准交叉点或交汇点等冲点，最后一只手将样冲竖直放置，另一只手用小锤子稳劲儿击打样冲尾部，形成冲眼。样冲通常用工具钢制成，样冲尖部磨成 45°～60°，并经过淬火硬化。

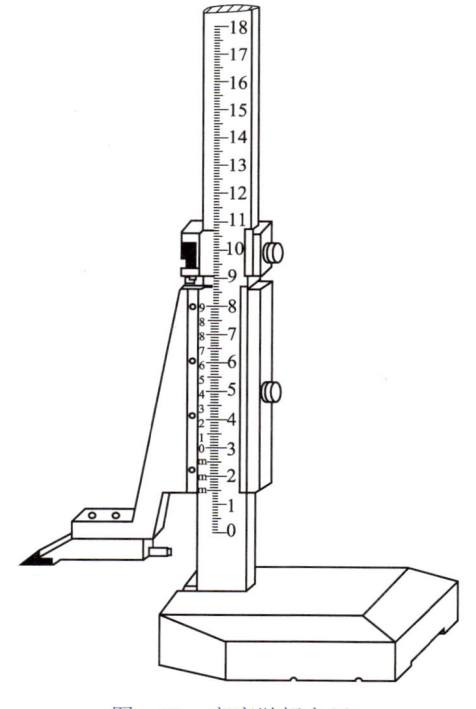

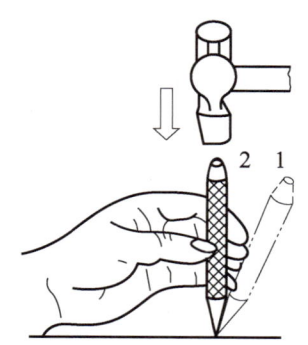

图 3-21　高度游标卡尺　　　　　　　　　图 3-22　样冲的使用方法

2．划线的作用

划线的作用主要有以下几点。

（1）为机械加工做准备。在机械加工前，可以划出工件表面的加工余量，以便为工件安装找正及切削加工提供明确的标志和依据。

（2）检验毛坯的形状和尺寸。借助划线来检验毛坯的形状和尺寸，避免因对不合格的毛坯进行机械加工而造成浪费。

（3）合理分配加工余量。当毛坯误差不太大时，通过划线能以多补少，避免浪费。

3．划线基准的选择

划线基准是指开始划线时，用来确定其他点、线、面的位置所依据的点、线、面。划线基准的选择原则主要有以下几点。

（1）尽量使划线基准与图样上的设计基准一致，以避免基准不一致而产生误差。

（2）尽量选用精确的已加工表面或使工件处于稳定位置的表面为划线基准。

（3）工件上有需要加工的重要孔时，以该孔轴线为划线基准。

二、锯削

锯削是用锯条锯断工件或在工件上锯出沟槽的操作，分为机械锯削和手工锯削两大类。手工锯削具有操作方便、简单、灵活的特点，因此在单件、小批生产或锯削异形工件等场合应用广泛。下面主要介绍手工锯削的锯削工具、锯削步骤和常见型材的锯削方法。

1．锯削工具

手工锯削的主要工具是手锯。手锯由锯弓和锯条组成，其中锯弓上装有锯柄、弓架、方形导管、夹头、翼形螺母，如图 3-23 所示。

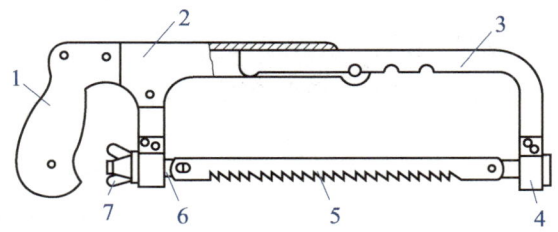

1—锯柄；2—锯弓；3—弓架；4—方形导管；5—锯条；6—夹头；7—翼形螺母。

图 3-23　手锯

1）锯弓

锯弓是用来夹持和拉紧锯条的工具，有固定式锯弓和可调式锯弓两种。固定式锯弓的弓架是一个整体，只能安装一种长度规格的锯条。可调式锯弓的弓架长度可以调整，能安装不同规格的锯条。如图 3-23 所示的锯弓为可调式锯弓，且锯柄形状便于握持和施力，故其得到了广泛应用。

2）锯条

锯条由碳素工具钢或合金工具钢制成，其规格以锯条两端安装孔之间的距离表示，常用的锯条长300 mm，宽 12 mm，厚 0.8 mm。下面主要介绍锯齿的分类和锯条的选用。

（1）锯齿的分类。锯条的锯齿按照一定的形状左右错开，排成波浪形，如图 3-24 所示。锯齿按照每 25 mm 内齿数的多少，分为粗齿、中齿和细齿。其中，粗齿每 25 mm 有 14～18 个齿；中齿每 25 mm 有 22～24 个齿；细齿每 25 mm 有 32 个齿。

（2）锯条的选用。锯削前应根据被加工材料的软硬、薄厚来选用锯条。一般来讲，锯削软材料或厚材料时选用粗齿锯条；锯削中等硬度材料时选用中齿锯条；锯削硬材料或薄材料时选用细齿锯条。例如，锯削软钢、铝、紫铜和人造胶质材料时选用粗齿锯条；锯削中等硬度的钢、硬质轻合金、黄铜和厚壁管子时选用中齿锯条；锯削板材和薄壁管子时选用细齿锯条。

图 3-24　锯齿排列

小提示

将手锯向前推时进行锯削，向后拉时不起锯削作用，因此安装锯条时应使齿尖的方向朝前。

2. 锯削步骤

锯削包括装夹工件、起锯、锯切、结束四个步骤。

1）装夹工件

对工件进行锯削前应先装夹工件，装夹位置要适当，避免台虎钳单边受力。此外，工件伸出要短，以免工件被锯削时颤动。锯削线要与钳口垂直或平行，防止锯缝偏离锯削线。

2）起锯

起锯时应用左手拇指抵住锯条，右手稳推锯柄，起锯角度 α 应稍小于 15°，如图 3-25 所示。锯程要短，压力要小，锯条应与工件表面垂直。在锯出锯缝后，应逐渐将锯弓改至水平状态。

3）锯切

当锯削过渡到锯弓呈水平状态时，需要用双手握锯。锯弓应做直线往复运动，不可摇摆，左手施压，右手推进。前推时施压，后拉时应从工件上轻轻滑过，不施压，如图 3-26 所示。锯削速度不宜过快，通常每分钟往复 20～60 次，锯削时最好使锯条全长工作，一般往复长度不得少于锯条全长的 2/3，以免锯条中间部分迅速锯钝。锯削钢材料时，应加润滑油，以提高锯条寿命。

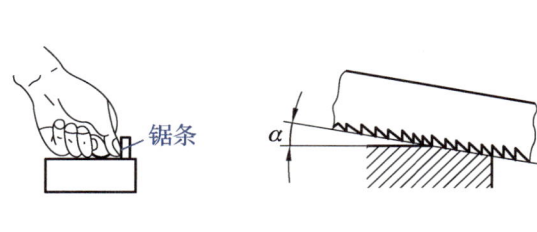

图 3-25　起锯

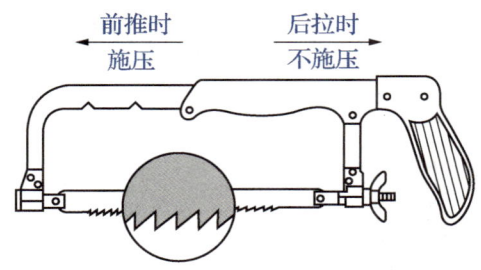

图 3-26　锯切

4）结束

当锯切快结束时，用力要轻，速度要慢，锯程要短，并用手托住工件，防止被锯掉部分掉落造成伤害。

3．常见型材的锯削方法

下面介绍圆钢、圆管、薄板、槽钢、角钢等常见型材的锯削方法。

1）圆钢的锯削方法

锯削圆钢时，若对端面质量要求较高，则应从起锯开始以一个方向锯削至结束，如图3-27（a）所示；若对端面质量要求不高，则可以从几个方向起锯，使锯削面变小，以提高工作效率。

2）圆管的锯削方法

锯削圆管时，应将圆管夹持在两块V形木衬垫之间，以防夹扁或夹坏表面。同时，应先锯削至圆管的内壁处，然后使工件向推锯方向转动一定角度后再锯削，如图3-27（b）所示。

3）薄板的锯削方法

锯削薄板时，应将薄板夹持在两块木板之间，或将多片薄板叠在一起，以增加工件的刚性，避免薄板在锯削过程中振动和变形，如图3-27（c）所示。

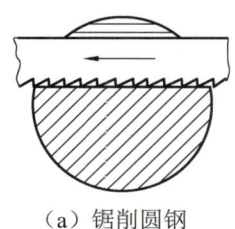 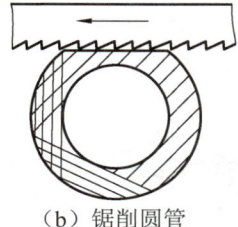 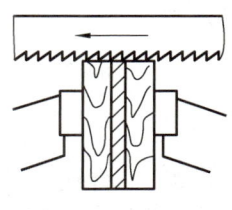

（a）锯削圆钢　　　　　（b）锯削圆管　　　　　（c）锯削薄板

图3-27　圆钢、圆管和薄板的锯削方法

4）槽钢、角钢的锯削方法

锯削槽钢和角钢时，应进行多次装夹，从多个方向进行锯削，以提高锯削质量和效率，如图3-28所示。

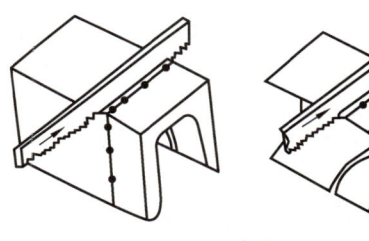 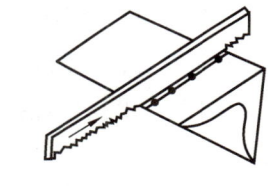

（a）锯削槽钢　　　　　　　　　　（b）锯削角钢

图3-28　槽钢和角钢的锯削方法

三、錾削

錾削又称凿削，是用锤子敲击錾子，对工件进行切削的方法。錾削主要用于不方便机械加工的场合，如加工沟槽、异形槽，以及去除毛坯上的毛刺、浇口、冒口等。下面主要介绍錾削工具和常见型材的錾削方法。

1．錾削工具

錾削的主要工具是錾子和锤子。

1）錾子

錾子包括切削刃、斜面、柄部、头部四部分，常用的錾子有扁錾、尖錾和油槽錾三种，如图 3-29 所示。扁錾切削部分扁平，刃口较宽且略带弧形，主要用于錾削平面、去毛刺和分割板材；尖錾切削刃较短，刃口两侧面从切削刃起向柄部逐渐变窄，这种结构的优势是在开槽时，尖錾不易被卡住，尖錾主要用于錾削窄槽及分割曲形板材；油槽錾切削刃很短，并呈圆弧形，切削部分呈弯曲形，油槽錾主要用于錾削平面、油槽。

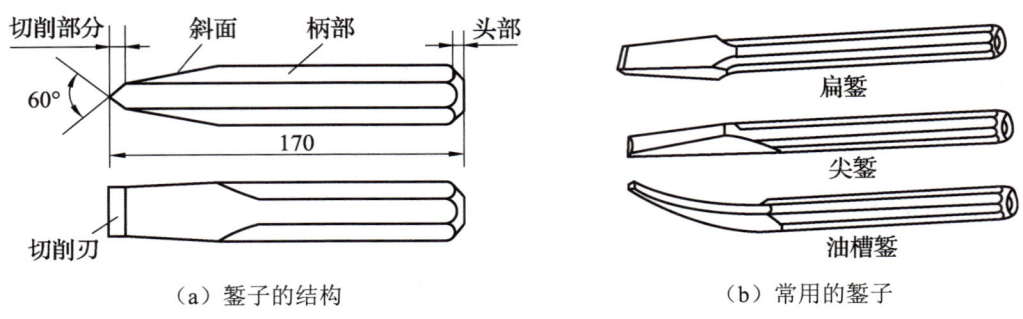

（a）錾子的结构　　　　　　　　　　（b）常用的錾子

图 3-29　錾子

錾子的握法主要有正握法、反握法和立握法三种，如图 3-30 所示。

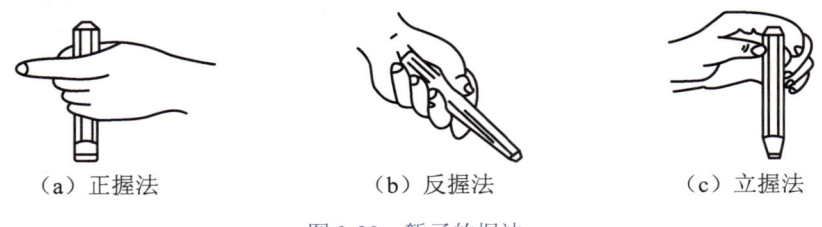

（a）正握法　　　　　　（b）反握法　　　　　　（c）立握法

图 3-30　錾子的握法

（1）正握法：虎口夹住錾身，拇指和食指自然伸出，其余三指自然弯曲靠拢并握住錾身，如图 3-30（a）所示。该握法适用于在平面上进行錾削。

（2）反握法：手心向上，手指自然握住錾柄，手心悬空不与錾身接触，如图 3-30（b）所示。该握法适用于在小平面或侧面进行錾削。

（3）立握法：虎口向上，手指捏住錾柄，如图 3-30（c）所示。该握法适用于垂直錾削工件。

2）锤子

锤子由锤头、手柄和斜楔子组成，如图 3-31 所示。錾削工件时，锤子的锤击力使錾子削入工件。

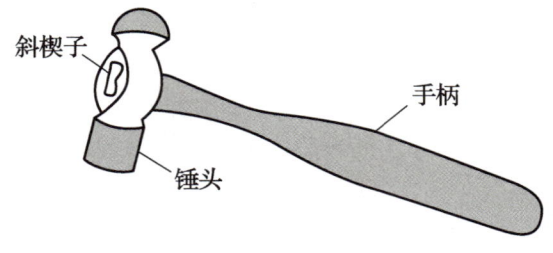

图 3-31　锤子

2. 常见型材的錾削方法

下面介绍平面、油槽、板材等常见型材的錾削方法。

1）平面的錾削方法

錾削平面时，通常选用扁錾，每次錾削厚度为 1～2 mm。錾削窄平面时，应使切削刃与錾削的方向成一定角度，其作用是使錾子稳定，防止錾子左右晃动，如图 3-32 所示；錾削宽平面时，应先用尖錾开槽，然后用扁錾錾平，如图 3-33 所示。

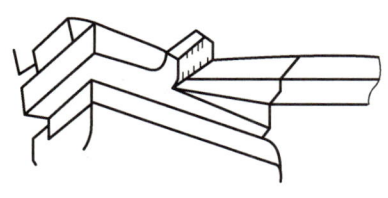

图 3-32　錾削窄平面

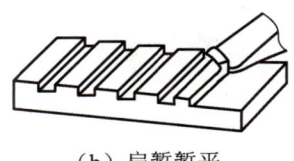

（a）尖錾开槽　　　（b）扁錾錾平

图 3-33　錾削宽平面

2）油槽的錾削方法

錾削油槽时，应选用与油槽宽度一致的油槽錾。在曲面上錾削油槽时，油槽錾的倾斜角应随曲面的弯曲灵活变动，使油槽的尺寸、深度和表面粗糙度达到要求，如图 3-34（a）所示；在平面上錾削油槽时，油槽錾的后角应保持不变，錾削方法与錾削平面基本相同，如图 3-34（b）所示。

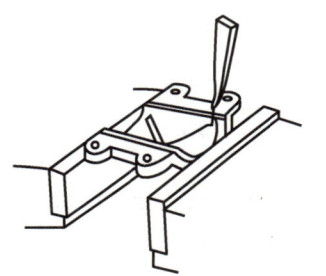　　　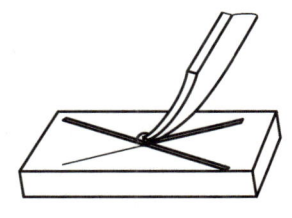

（a）在曲面上錾削油槽　　　　　（b）在平面上錾削油槽

图 3-34　錾削油槽

3）板材的錾削方法

錾削薄板材时，可在台虎钳上进行，錾子的切削刃应沿着钳口并斜对着薄板材（约 45°），自右向左錾削，如图 3-35（a）所示。錾削较长的板材时，可在铁砧上进行，錾子应垂直于板材进行錾削，如图 3-35（b）所示。

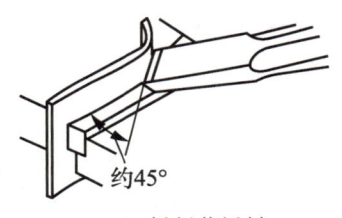　　　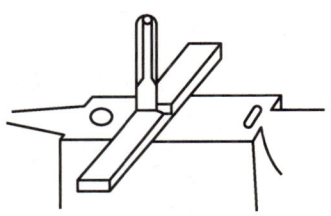

约45°

（a）錾削薄板材　　　　　（b）錾削较长的板材

图 3-35　板材的錾削方法

四、锉削

锉削是用锉刀对工件表面进行切削加工的方法。锉削可以提高工件精度，降低表面粗糙度，主要用于成形样板、模具、型腔等的修整。下面主要介绍锉刀、锉削操作、平面和圆弧面的锉削方法。

1. 锉刀

锉刀有很多个锉齿，锉削时每个锉齿都相当于一把錾子，它们一同对材料进行切削。

1）锉刀的组成

锉刀主要包括锉面、锉边和锉柄三部分，如图 3-36 所示。锉面和锉边组成了锉刀的工作部分，该部分大多是用碳素工具钢经过热处理制成的，锉柄通常为木质或塑料。

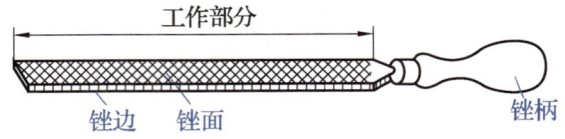

图 3-36　锉刀

2）锉刀分类

（1）锉纹是锉齿规则排列的图案，有单齿纹和双齿纹两种。锉齿只按一个方向排列而形成的锉纹称为单齿纹，锉齿按两个方向排列而形成的锉纹称为双齿纹，如图 3-37 所示。根据锉纹的不同，锉刀可分为单齿纹锉刀和双齿纹锉刀。单齿纹锉刀锉削时全齿同时参加锉削，锉削力大，因此单齿纹锉刀常用于锉削软材料。双齿纹锉刀的锉齿交叉排列形成切削齿与容屑槽，锉削时锉屑碎断，锉面不易堵塞，锉削省力，因此双齿纹锉刀常用于锉削硬材料。

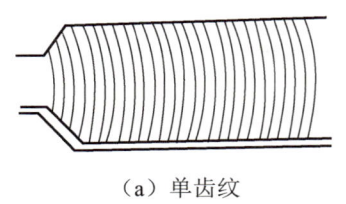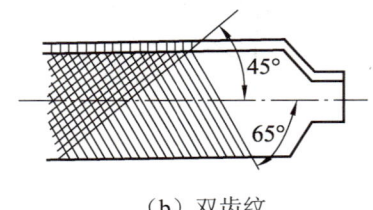

（a）单齿纹　　　　　　　　　　（b）双齿纹

图 3-37　锉纹

知识链接

锉纹分为主锉纹和辅助锉纹。其中，主锉纹是锉刀上起主要锉削作用的齿纹；辅助锉纹是与主锉纹方向不一致的另一个方向的齿纹，起分屑作用。

（2）根据截面形状的不同，锉刀可分为平锉、半圆锉、方锉、三角锉和圆锉等，其形状和应用如图 3-38 所示。

（3）根据每 10 cm 轴向长度内主锉纹条数的不同，锉刀可分为粗锉刀、细锉刀和油光锉。其中，粗锉刀（4～12 条主锉纹）锉纹间距大，它不易堵塞，适用于粗加工或锉铜、铝等软金属；细锉刀（13～24 条主锉纹）适用于锉削钢件和铸铁件等；油光锉又称光锉刀（30～40 条主锉纹），主要用于表面最后的修光。锉刀越细，锉出的表面越光滑，但生产效率也越低。

（4）根据长度的不同，锉刀可分为大锉刀、中锉刀和小锉刀。其中，大锉刀的长度在 250 mm 以上，中锉刀的长度为 200～250 mm，小锉刀的长度在 200 mm 以下。

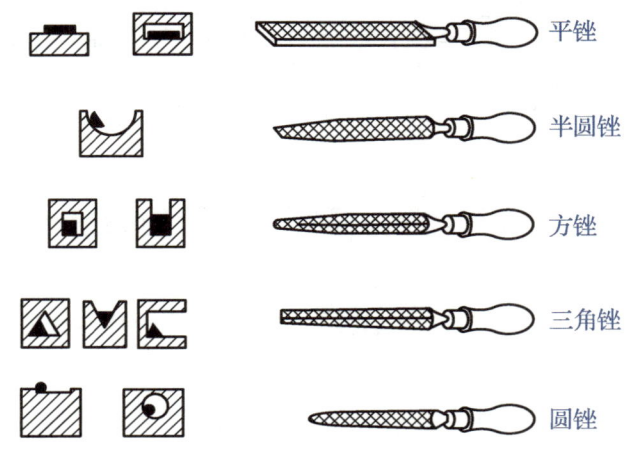

平锉

半圆锉

方锉

三角锉

圆锉

图 3-38　锉刀的截面形状和应用

2．锉削操作

正确的锉削操作可以提高锉削加工的效果和质量，下面从锉刀的握法、锉削姿势与锉削用力来认识锉削操作。

1）锉刀的握法

锉刀大小、工件大小和加工部位不同，锉刀的握法也不同。下面主要介绍锉刀大小不同时锉刀的握法。

（1）当使用大锉刀锉削工件时，应用右手紧握锉柄，锉柄顶在掌下，左手大拇指放在锉刀前端的上部，其余手指握紧锉刀前端，如图 3-39（a）所示。

（2）当使用中锉刀锉削工件时，右手握法与握持大锉刀锉柄的方法相同，左手的大拇指和食指按揿住锉刀前端，如图 3-39（b）所示。

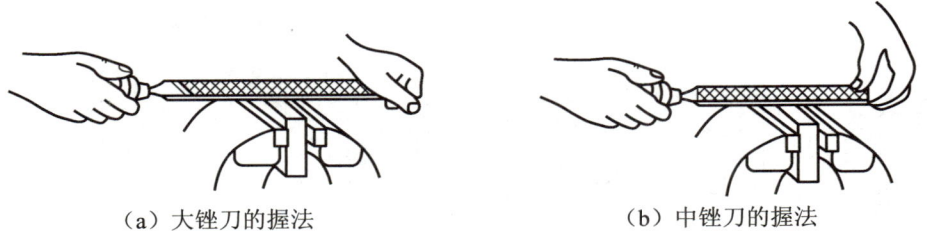

（a）大锉刀的握法　　　　　　　　　　　　　　（b）中锉刀的握法

图 3-39　锉刀的握法

（3）当使用小锉刀锉削工件时，只需要用右手握住锉柄即可。

2）锉削姿势与锉削用力

锉削时，右腿伸直，左腿弯曲，两脚都应站稳不动。身体的重心要落在左脚上，并向前倾斜，锉削过程中靠左腿的屈伸使身体做往复运动。

锉削时，要特别注意两手用力的变化。随着锉刀的推进，右手下压力度由小变大，而左手下压力度由大变小，使锉刀保持水平移动，以便把工件锉平，如图 3-40 所示。锉刀回程时，不加压力并将锉刀略微提起，以免磨钝锉刀。

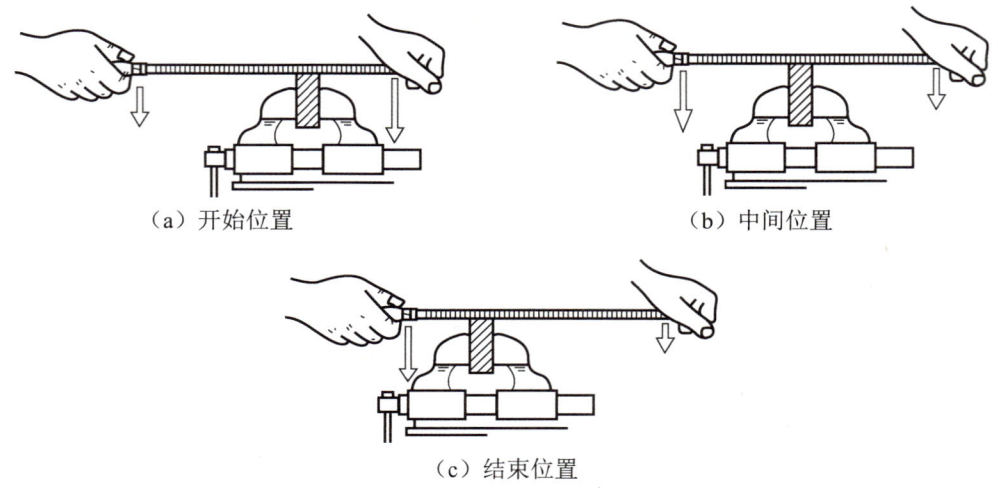

（a）开始位置　　　　　（b）中间位置

（c）结束位置

图 3-40　锉刀推进过程中锉削用力的变化

3．平面和圆弧面的锉削方法

1）平面的锉削方法

平面的锉削方法有顺锉法、交叉锉法和推锉法三种。

（1）顺锉法是指锉刀沿着工件表面横向或纵向移动，且锉刀始终朝一个方向推进的锉削方法。锉刀的锉削运动是单向的，目的是使锉削的平面美观。顺锉法主要适用于较小平面的锉削，如图 3-41（a）所示。其中，锉刀与工件长度方向垂直的情况多用于粗锉，锉刀与工件长度方向平行的情况多用于修光。

（2）交叉锉法是指锉刀的锉削运动与工件夹持方向成 30°～40°，且锉纹交叉的锉削方法。交叉锉法主要适用于较大平面的锉削，由于锉刀和工件的接触面较大，锉刀比较平稳，因此利用交叉锉法容易锉削出较平整的平面，如图 3-41（b）所示。

（3）推锉法是指横握锉刀，且锉削运动与工件加工表面的长度方向平行的锉削方法。锉削时，应用两手紧握锉刀，拇指抵住锉刀侧面，沿工件表面平稳地推进锉刀，以锉削出光洁的表面。推锉法主要适用于工件表面的修光，如图 3-41（c）所示。

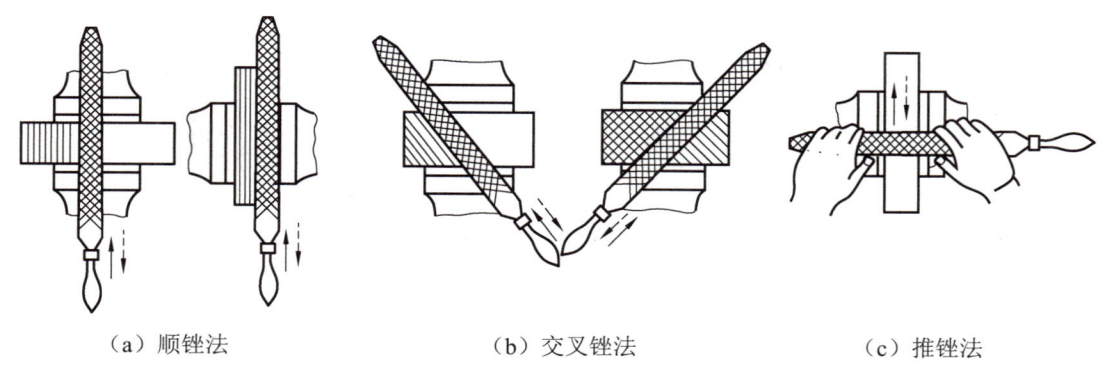

（a）顺锉法　　　　　　　（b）交叉锉法　　　　　　　（c）推锉法

图 3-41　平面的锉削方法

2）圆弧面的锉削方法

圆弧面的锉削方法是滚锉法，如图 3-42 所示。当锉削外圆弧面时，锉刀既向前推进，又绕圆弧面中心摆动；当锉削内圆弧面时，锉刀不仅向前推进，而且自身还要做旋转运动。

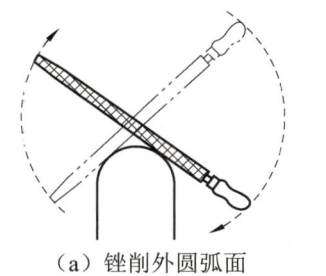
（a）锉削外圆弧面

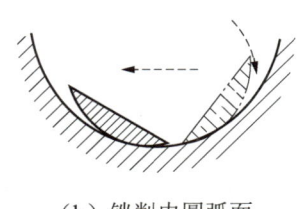
（b）锉削内圆弧面

图 3-42 圆弧面的锉削方法

⚙ 任务实施——加工六角工件

1. 任务描述

在熟悉划线、锯削、錾削、锉削工艺后，请尝试用材料为 45 钢、直径为 32 mm、长度为 50 mm 的毛坯，加工出厚度为 18 mm 的六角工件，如图 3-43 所示。技术要求：操作步骤合理，使用工具规范，制作出的六角工件尺寸精确、表面光滑。

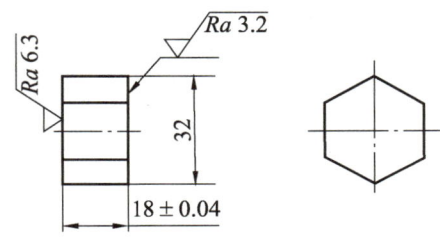

图 3-43 六角工件

2. 任务准备

准备所用工具，如钢直尺、划线平板、划规、划针、锉刀、手锯、样冲、游标卡尺、直角尺等。

3. 实施过程

加工六角工件的操作步骤如表 3-2 所示。在操作过程中，学生可将操作要点、遇到的问题等记录下来，填入表 3-2 中。操作完成后用游标卡尺等测量工具检测六角工件是否符合要求。指导老师对学生的作品打分。

表 3-2 加工六角工件的操作步骤

序号	操作步骤	加工简图	过程记录
1	备料（锯削）	φ32　18.5	

表 3-2（续）

序号	操作步骤	加工简图	过程记录
2	锉削基准面 A	$18^{+0.2}_{+0.1}$ Ra 6.3 Ra 3.2 ⬜ 0.05 A B	
3	锉削另一面 B	18 ± 0.04 Ra 6.3 Ra 3.2 A B	
4	划线	φ32	
5	锉削六个侧面	C C C D E F 120° D E C G 120° E G 120° H E	

工匠精神

一代钳工一心专　"文墨精度"零零三

　　方文墨，航空工业首席技能专家，先后荣获全国五一劳动奖章、中国青年五四奖章、全国技术能手、辽宁省特等劳动模范等。他创造的"0.003 mm 的加工误差"被称为"文墨精度"，连自动化程度很高的数控机床都达不到这个精度。他改进工艺方法60 余项，撰写技术论文12 篇，申报技术革新项目20 项，并取得了"定扭矩螺纹旋合器""钛合金专用丝锥"等3 项国家发明专利和实用新型专利。其中，"定扭矩螺纹旋合器"提高生产效率8 倍；"钛合金专用丝锥"提高生产效率4 倍。

　　方文墨出生在一个航空世家，从年少时起，父辈传承的航空报国的情怀，就在他心里深深扎下了根。在厂区里，试飞的战斗机一次次呼啸着划破长空，那鹰击长空的豪情更是让方文墨萌发了亲手制造战斗机的念头。

　　然而命运却给方文墨开了个小小的玩笑，当方文墨以优异的成绩从沈阳飞机制造厂（简称沈飞）技校毕业后，却被分配到了沈飞民品公司，加工卷烟机的零件。眼看着造飞机的梦碎了，这个大男孩伤心欲绝。方文墨的母亲回忆说："当时儿子伤心了好几个月。"她鼓励方文墨说："你好好干，是金子在哪儿都会发光。"

　　方文墨身高1.88 m，体重100 kg，身高比钳工工作台高了近一倍。不少师傅都觉得鉴于这样的身体条件，他根本不可能成为出色的钳工。但方文墨身上有股不服输的劲儿，他把家里的阳台改造成了实训室，一下班回家，他就钻进阳台，苦练技术。正常情况下，钳工一年会换10 多把锉刀，方文墨一年却换了200 多把，有几次居然生生把锉刀练断了。每天连续进行四五个小时的训练，锉刀持续发出的刺耳声，让方文墨出现生理性呕吐，但他没有放弃，一直就这样坚持着。经过长年累月的苦练，方文墨终于凭着自己的努力，走进了沈飞军品厂的车间，还拥有了以自己名字命名的班组。

　　方文墨是钳工界的奇才，初入钳工这一行时不被看好，如今却手工打磨出不少歼-15 战机的核心零件。在歼-15 战机的标准件中，近70%都是方文墨所在工厂生产的。

　　方文墨不仅能把钳工的活儿干得很漂亮，对模具设计和工艺流程也很精通。一次，他在安装电缆的铜接头时遇到了麻烦，需要在铜接头上打一个直径为1.4 mm 的小孔，且不能有丝毫铜屑留在孔内，否则就会引起飞机的电路短路。方文墨反复研究后发现原本的加工方法是正确的，但是模具设计和工艺流程存在问题。于是，他一遍遍琢磨，对铜接头的模具和工艺进行了三项改进，改进后不仅解决了铜屑的麻烦，而且工作效率也提高了4 倍。

　　钳工的工作看似简单，但就像一个下棋高手，方文墨在下第一步的时候，就已经想好了十步以后怎么走，且下刀后，他不会让任何工件报废。

　　像方文墨这样为我国战机事业默默奉献的人还有许多，他们在时代的大潮中肩负起建设现代化航空事业的使命，为实现航空梦奉献青春和汗水。祖国终将回报这些为国奋战的工匠，人民也终将铭记这些无私奉献的英雄。

（资料来源：邱宇哲、汤龙，《一代钳工一心专　"文墨精度"零零三》，人民网，2021 年7 月6 日）

任务三　孔加工、螺纹加工

 任务引入

　　作为一名全能维修师，小李每天需要维修大量机具或设备，如汽车、农机车、摩托车等。一次，在维修农机车的故障时，小李发现出现故障的原因是螺纹磨损过大，导致螺纹连接不紧固。由于损坏的螺母和螺杆规格特殊，通过查阅资料，他准备了相关工具后开始制作螺母和螺杆。经过细心操作后，小李制作出尺寸精确的螺母和螺杆，如图 3-44 所示。他用新制作的螺母和螺杆替换损坏的零件后，该农机车就能正常工作了。

图 3-44　螺母和螺杆

　　想一想：螺杆的外螺纹和螺母的内螺纹是怎么制作的？

一、孔加工

　　孔加工一般是指钻孔、扩孔和铰孔。钻孔是加工要求不高的孔或对孔进行粗加工；扩孔是对孔进行半精加工；铰孔是对孔进行精加工。

1. 钻孔

　　钻孔是用钻头在实体材料上加工孔的方法。钻孔时，工件固定不动，钻头旋转并做轴向移动，如图 3-45 所示。钻孔的主运动是钻头的旋转运动，进给运动是钻头的轴向移动。钻孔的特点是钻削力大、钻削温度高、摩擦严重、散热困难，因此钻孔时易产生振动、钻头磨损、加工精度低等问题。钻孔的尺寸精度可达到 IT12 左右，表面粗糙度 Ra 可达到 12.5 μm。

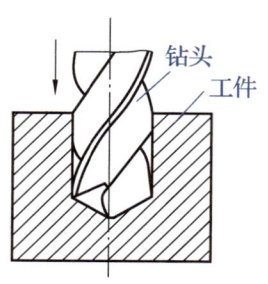

图 3-45　钻孔

1）钻孔的主要工具

钻孔的主要工具是钻头。钻头种类较多，有麻花钻、中心钻、扁钻和深孔钻等，其中麻花钻是钳二最常用的钻头。麻花钻主要包括刀体、颈部和刀柄，如图 3-46（a）所示。

（1）刀体包括切削部分和导向部分。切削部分是指麻花钻的前端部分，包括横刃和两个对称的主切削刃；导向部分包括刃带和螺旋槽，刃带的作用是引导钻头并减少钻头与孔壁的摩擦，螺旋槽的作用是向孔外排屑和向孔内输送切削液，如图 3-46（b）所示。

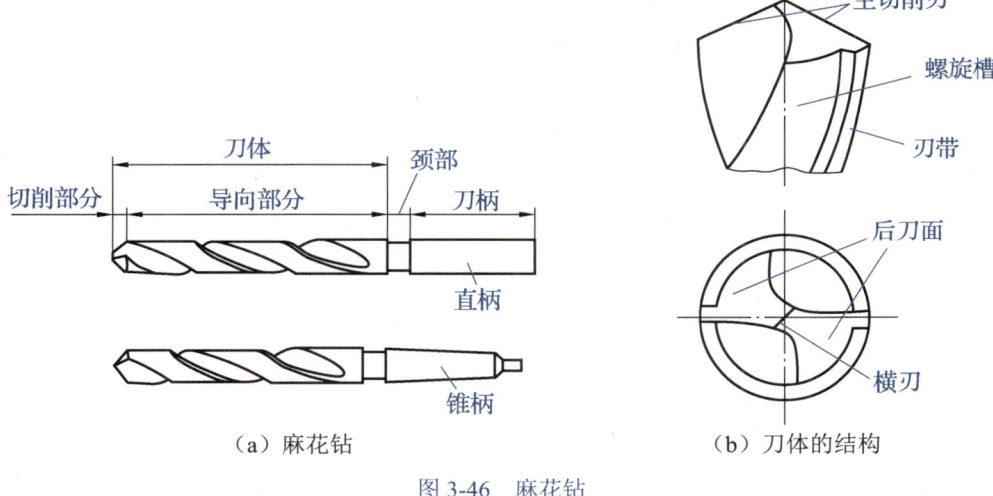

（a）麻花钻　　　　　　　　　　　（b）刀体的结构

图 3-46　麻花钻

（2）颈部是刀体和刀柄的连接部分。

（3）刀柄主要用于夹持和传递钻削力，有直柄和锥柄两种。其中，直柄适用于直径小于 13 mm 的小钻头；锥柄适用于直径大于或等于 13 mm 的钻头，且锥柄的锥度为莫氏锥度。

 **知识链接**

> 莫氏锥度为 19 世纪机械师莫氏为了解决麻花钻的夹持问题而发明的，并发展成全球标准。采用莫氏锥度的钻头，方便拆卸，且重装后不影响钻头的中心位置。

2）钻孔的操作步骤及注意事项

（1）钻孔的操作步骤。

① 划线、打样冲眼。按钻孔的位置和尺寸划出孔的中心线，然后在孔中心位置打样冲眼。打样冲眼要精准、垂直，因为其位置直接关系到起钻的定心位置。

② 装夹。在立式钻床和台式钻床上钻孔时，工件常用手虎钳、台虎钳、V 形铁和压板螺栓进行装夹，如图 3-47 所示。装夹工件时，应使孔中心线与钻床工作台垂直，夹紧要均匀，装夹要稳固。

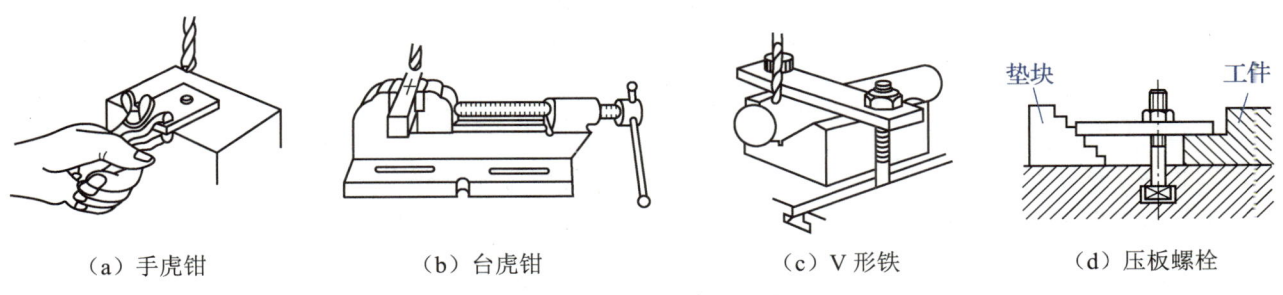

（a）手虎钳　　　　　（b）台虎钳　　　　　（c）V 形铁　　　　　（d）压板螺栓

图 3-47　钻孔时工件的装夹

③ 试钻。开始钻孔时应先用钻头在孔的中心位置试钻一个深度约为孔径 1/4 的浅坑，检查浅坑与将要钻的孔是否同心，如有偏离应找正后再开始钻孔。

④ 钻孔。钻孔开始后应选用较大的速度向下进给，以免钻头在工件表面晃动而不能切入；钻头切入后，要时常抬起钻头以排屑，并加入切削液；快钻通时，要减小速度，以免钻通时钻削力突然改变而折断钻头。

（2）钻孔的注意事项。

① 钻头的选择。对于直径小于 30 mm 的孔，可选择与孔径一致的钻头，直接钻出；对于直径大于 30 mm 的孔，应分两次钻出，首先选择直径为 0.5～0.7 倍孔径的钻头钻出小孔，以减小轴向力，然后用所需直径的钻头扩大孔径。

② 切削液的选择。为了降低孔的表面粗糙度，在钻孔时会使用切削液。钻削钢件时，切削液为机油或乳化液；钻削铝件时，切削液为乳化液和煤油；钻削铸铁件时，切削液为煤油。

③ 主轴转速的选择。钻大孔时，转速应低些；钻小孔时，转速应高些；钻硬材料时，转速应低些，以免折断钻头。

2．扩孔和铰孔

1）扩孔

扩孔主要用于扩大工件上已有的孔，其切削运动与钻削相同，如图 3-48 所示。扩孔可以作为终加工，也可以作为铰孔前的预加工。扩孔的尺寸精度可达到 IT10～IT9，表面粗糙度 Ra 可达到 3.2 μm。

扩孔所用的刀具为扩孔钻（见图 3-49），其结构和麻花钻相似，不同的是扩孔钻有 3 或 4 个切削刃，且前端是平的、无横刃，螺旋槽也较浅，钻体比麻花钻粗大，因此扩孔钻刚性好，不易弯曲。

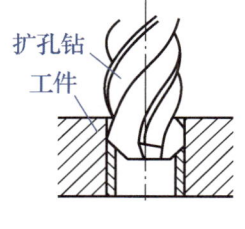

图 3-48　扩孔

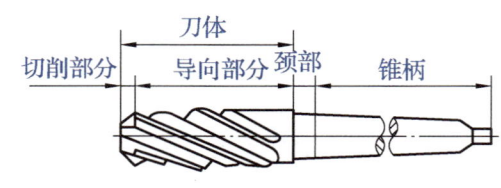

图 3-49　扩孔钻

2）铰孔

铰孔是用铰刀对孔进行精加工，如图 3-50 所示。铰孔的尺寸精度可达到 IT9～IT7，表面粗糙度 Ra 可达到 3.2～0.8 μm。

铰刀的外形类似于扩孔钻，不同的是铰刀有 6～12 个切削刃，且顶角较小，是一种尺寸精确的多刃刀具。铰刀分为机铰刀和手铰刀两种，如图 3-51 所示。机铰刀的刀柄多为锥柄，装在钻床或车床上进行铰孔，铰孔时应选择较低的切削速度，并选用合适的切削液；手铰刀的切削部分较长，以便切削时的导向和切入，导向作用好。

手动铰孔时，铰刀应垂直放入铰杠（见图 3-52）的方孔中，然后两手握住调节手柄，使铰刀按顺时针方向转动，两手平衡且稍加压力，使铰刀慢慢向孔内进给，同时铰刀始终与工件垂直。当铰刀退出时，应边按顺时针方向转动，边向外拔出，不能反转。反转会使切屑扎在孔壁和铰刀的刀齿后刀面之间，将已加工的孔壁刮毛，同时也会使铰刀磨损，甚至崩刃。

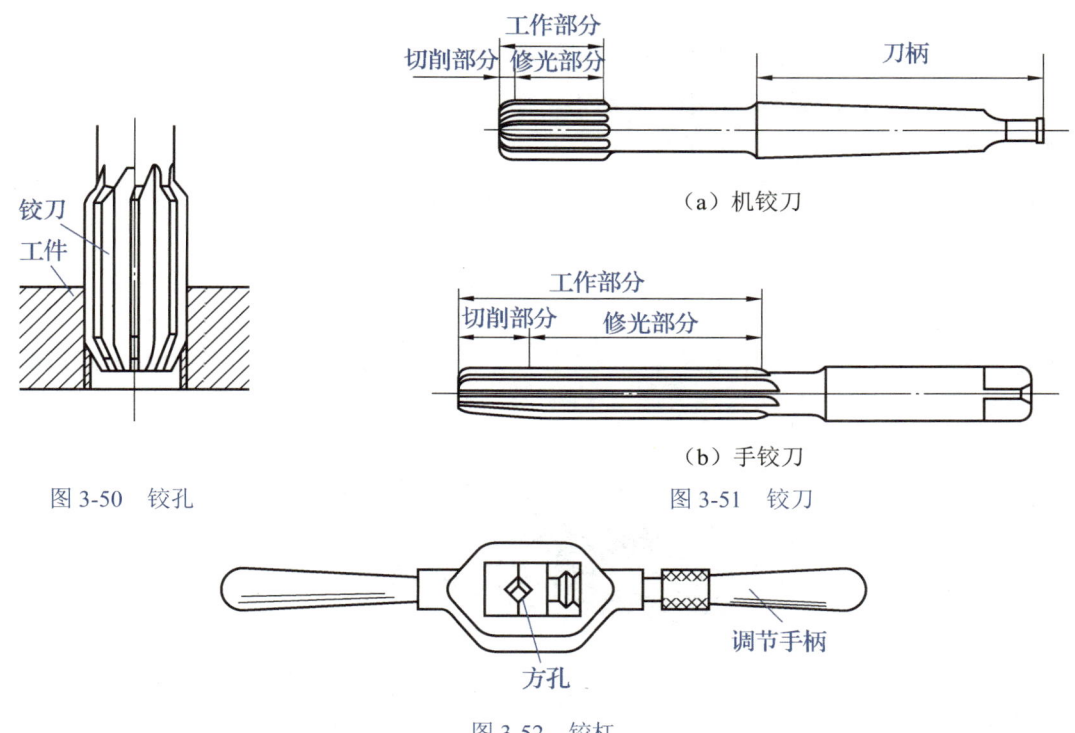

（a）机铰刀

图 3-50　铰孔

（b）手铰刀

图 3-51　铰刀

图 3-52　铰杠

二、螺纹加工

螺纹加工包括攻螺纹和套螺纹。

1．攻螺纹

攻螺纹是利用工具在工件孔中切削出内螺纹的操作，如图 3-53 所示。下面主要介绍攻螺纹的工具和攻螺纹的操作方法。

1）攻螺纹的工具

攻螺纹的工具主要有丝锥和铰杠。丝锥是用高速工具钢或碳素工具钢制成的加工内螺纹的标准刀具。机用丝锥一般为一支，手用丝锥多为两支（一套），即头锥和二锥。每个丝锥的工作部分由切削部分和校准部分组成，如图 3-54 所示。切削部分由不完整的牙齿组成，主要作用是切削内螺纹。头锥的切削部分有 5～7 个不完整的牙齿，二锥的切削部分有 1～2 个不完整的牙齿。校准部分具有完整的牙齿，其作用是修光螺纹和引导丝锥。铰杠是手动攻螺纹时夹持丝锥的工具。

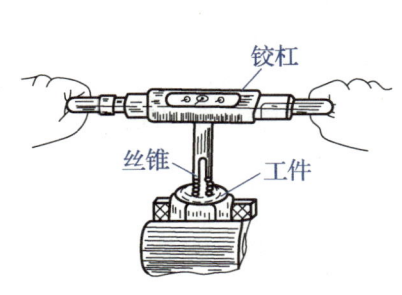

图 3-53　攻螺纹

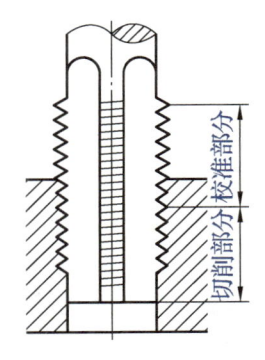

图 3-54　丝锥的工作部分

2）攻螺纹的操作方法

（1）用头锥攻螺纹。攻螺纹前应先将头锥放入孔内并旋入 1～2 圈，再用直角尺在相互垂直的两个方向上检查丝锥是否与端面垂直，如不垂直应及时纠正。在将头锥旋入 3～4 圈后，可以只旋转不加压，且每转 1～2 圈应反转 1/4 圈，以便切屑断落。

（2）用二锥攻螺纹。先将二锥放入孔内并用手旋入几圈，再将铰杠套在二锥上转动。旋转铰杠时不需要加压。

2．套螺纹

套螺纹是利用工具在圆杆上切削出外螺纹的操作，如图 3-55 所示。下面主要介绍套螺纹的工具和套螺纹的操作方法。

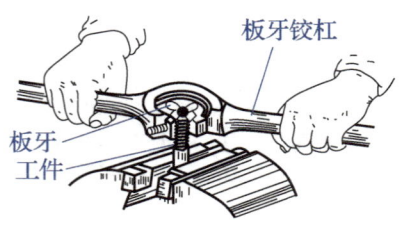

图 3-55　套螺纹

1）套螺纹的工具

套螺纹的工具有板牙和板牙铰杠。板牙的外形像一个圆螺母，上面有排屑孔，有固定式和可调式两种，如图 3-56（a）所示。板牙铰杠是夹持板牙的工具，放入板牙后，用螺钉紧固，如图 3-56（b）所示。

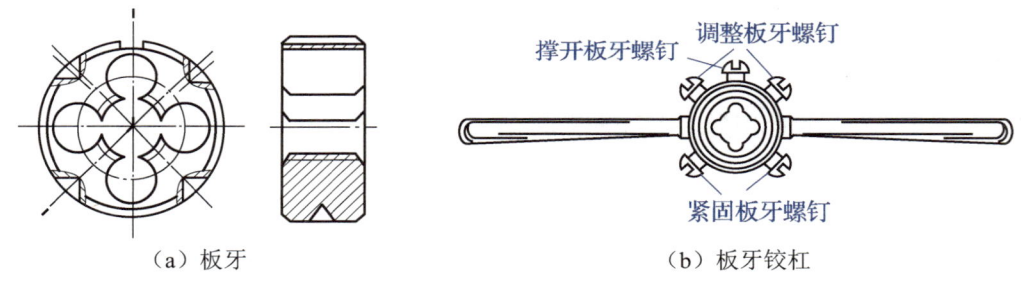

（a）板牙　　　　　　　　　　　　　（b）板牙铰杠

图 3-56　板牙和板牙铰杠

2）套螺纹的操作方法

（1）检查套螺纹前工件外圆的直径尺寸。为保证加工后外螺纹的尺寸精度，降低加工外螺纹的阻力，套螺纹前通常要求工件外圆直径比所加工外螺纹的大径小 0.13 倍的螺距。

（2）加工倒角。为使板牙顺利切入工件，工件的端部必须有 15°～20°的倒角，即小端直径应比外螺纹小径小，如图 3-57 所示。

（3）套螺纹时，板牙端面应与被套圆杆保持垂直，以免切出的螺纹深浅不一。开始套螺纹时，用手握住板牙铰杠对板牙施加轴向力使板牙按顺时针方向旋进，同时转动要慢，压力应稍大，在旋入 4 圈后即可只转动板牙而不加压。

（4）在套螺纹的过程中，板牙按顺时针方向旋入 2 圈后，要按逆时针方向旋出 1 圈，以便切屑断落、排出，并加切削液进行润滑和冷却，以改善外螺纹表面质量并延长板牙寿命。

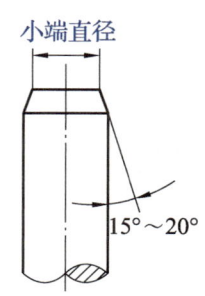

图 3-57　加工倒角

任务实施——加工六角螺母

1. 任务描述

在熟悉孔加工、螺纹加工等基础知识后，利用加工六角工件任务中得到的六角工件，加工如图 3-58 所示的加工六角螺母。技术要求：操作步骤合理，使用工具规范，制作的六角螺母螺纹尺寸精确。

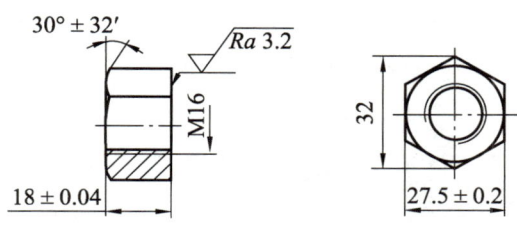

图 3-58 六角螺母

2. 任务准备

准备所用工具，包括钢直尺、游标卡尺、直角尺、划规、划针、样冲、钻头、丝锥、铰杠等。

3. 实施过程

加工六角螺母的操作步骤如表 3-3 所示。在操作过程中，学生可将操作要点、遇到的问题等记录下来，填入表 3-3 中。指导老师对学生的作品打分。

表 3-3 加工六角螺母的操作步骤

序号	操作步骤	加工简图	过程记录
1	钻ϕ4 mm 的孔		
2	钻ϕ14 mm 的孔		
3	攻螺纹		
4	倒角并检测尺寸精度		

<h1 style="text-align:center">项目综合实训 ——加工锤头</h1>

1. 实训描述

熟悉钳工后，请同学们尝试加工如图 3-59 所示的锤头，其材料为 45 钢，尺寸为 22 mm×22 mm×130 mm 的长方体。技术要求：锤头尺寸准确，各平面交线清晰，无毛刺。

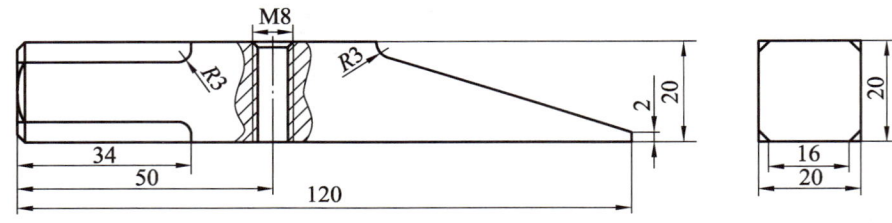

图 3-59　锤头

2. 实训内容

1）所用工具

加工锤头的过程中所用工具主要有钢直尺、手锯、锉刀、高度游标卡尺、划针、划线平板、V 形铁、样冲、手锤、直角尺、台式钻床、钻头、丝锥、铰杠、粗砂纸、细砂纸等。

2）操作步骤

加工锤头的操作步骤如表 3-4 所示。

表 3-4　加工锤头的操作步骤

序号	操作步骤	工艺内容	加工简图
1	锯削	锯削坯料，使其长度为 123 mm	
2	去毛刺	两端去毛刺，锉削平面，周围面去除氧化层	
3	划线	在划线平板上，用 V 形铁支撑，利用高度游标卡尺和划针等工具在锤头上划出所需要的线	
4	打样冲眼	在已划好的线条上，每隔 10 mm 打样冲眼	
5	锯削	锯削超出尺寸范围的部分，锯削时应保证 A、B 两端面与其余四面垂直	
6	锉削	锉削六面体：以 C 端面为基准，将坯料截面尺寸锉削至 20 mm×20 mm；然后以 A 端面为基准，将坯料长度锉削至 120 mm	
7	斜面加工	锉削 R3 mm 圆角，留余量，接着锯削斜面，最后精锉斜面，直到圆角和斜面成圆滑过渡为止	

表 3-4（续）

序号	操作步骤	工艺内容	加工简图
8	倒角加工	用平锉推锉来加工倒角，用圆锉锉削 $R3$ mm 圆弧面	
9	钻孔并倒角	用台式钻床钻削 6.7 mm 的通孔，并倒角	
10	攻螺纹	攻 M8 内螺纹	
11	抛光	用粗、细砂纸抛光各面，消除锉痕	
12	检测	检测锤头尺寸	—

项目考核

1．填空题

（1）钳工的常用设备主要有_____、_____、_____、_____等。

（2）常用的钻床有_____、_____和_____等。

（3）钳工的常用量具有_____、_____、_____、_____、_____、_____。

（4）划线的作用有_____、_____、_____。

（5）手锯由_____和_____组成。

（6）锉刀主要包括_____、_____和_____三部分。

2．选择题

（1）下列不属于划线工具的是_____。　　　　　　　　　　　　　　　　（　　）

　　A．划针　　　　　　B．划规　　　　　　C．样冲　　　　　　D．钢直尺

（2）锯削步骤不包括_____。　　　　　　　　　　　　　　　　　　　　（　　）

　　A．起锯　　　　　　B．锯切　　　　　　C．切入　　　　　　D．结束

（3）锉刀的工作部分大多是用_____制成的。　　　　　　　　　　　　　（　　）

　　A．碳素工具钢　　　B．铸铁　　　　　　C．铜　　　　　　　D．不锈钢

（4）钳工最常用的钻头是_____。　　　　　　　　　　　　　　　　　　（　　）

　　A．中心钻　　　　　B．麻花钻　　　　　C．三角钻　　　　　D．油孔钻

3．判断题

（1）錾削的主要工具是錾子和锤子。　　　　　　　　　　　　　　　　　　（　　）

（2）攻螺纹的工具有丝锥和板牙铰杠。　　　　　　　　　　　　　　　　　（　　）

（3）扩孔是用铰刀进行加工的。　　　　　　　　　　　　　　　　　　　　（　　）

（4）攻螺纹是利用丝锥在圆杆外切削出外螺纹的操作。　　　　　　　　　　（　　）

（5）套螺纹前工件外圆直径与所加工外螺纹的大径一致。　　　　　　　　　（　　）

4．问答题

（1）简述划线基准的选择原则。

（2）简述钻孔的注意事项。

（3）简述攻螺纹的操作方法。

项目评价

指导教师根据学生的实际学习成果对其进行评价，学生配合指导教师共同完成学习成果评价表，如表 3-5 所示。

表 3-5　学习成果评价表

姓名：　　　　　　　　组号：　　　　　　　　指导教师：

评价项目	评价内容	满分/分	评分/分		
			自评	互评	师评
知识（30%）	认识钳工常用的设备和量具	10			
	掌握划线、锯削、錾削、锉削的方法	10			
	掌握孔加工、螺纹加工的方法	10			
技能（50%）	能够加工六角工件	15			
	能够加工六角螺母	15			
	能够加工锤头	20			
素养（20%）	积极参加实习活动，主动学习、思考、讨论	5			
	认真负责，按时完成学习任务	5			
	团结协作，与组员之间密切配合	5			
	服从指挥，遵守实习纪律	5			
合计		100			
总评	自评（20%）＋互评（20%）＋师评（60%）＝		综合等级：		
自我评价					
指导教师评价					

项目四

车 工

项目导读

车工是在车床上利用车刀、钻头等对工件进行切削加工的方法，在机械加工中占有重要地位。车工能够迅速将毛坯加工成精密的零件，满足了实际生产中对高质量和高效率的要求，是现代机械加工中应用最广泛的加工方法之一。

本项目将带大家共同学习车工的相关基础知识及常用的车工工艺等内容。

知识目标

◆ 熟悉车工的基础知识。

◆ 掌握车外圆、端面与台阶的方法。

◆ 掌握车沟槽、切断与车圆锥面的方法。

◆ 掌握孔加工与车螺纹的方法。

技能目标

◆ 能够车出阶梯轴。

◆ 能够车出圆锥轴。

◆ 能够车出轴套。

◆ 能够加工出锤柄。

素质目标

◆ 树立终身学习的理念。

◆ 培养乐观向上、积极进取的精神。

任务一　　认识车工

🛠 任务引入

小李在参观车工车间时，看到如图 4-1 所示的车床，他马上来了兴致，脑海里出现了一连串问号：它是什么机器呢？有什么作用？上面的各种手柄又该如何操作？带着这些疑问，他去查找了资料。经过了解，他发现眼前的这台车床真是有"十八般武艺"，能制造种类繁多的零件，它们遍布我们日常生活的方方面面。小李暗下决心要好好学习车工的相关知识，争取早日能让这个车床在自己的操作下制造出各种机械零件。

图 4-1　车床

想一想：使用车床车削不同工件时，所用的车刀相同吗？

一、车工概述

车工

车工是车削加工的简称，是指在车床上利用工件的旋转和刀具的移动来改变毛坯的形状和尺寸，将其加工成所需零件的切削方法。

1. 车工的工艺范围

车工主要用于加工回转表面，其工艺范围如图 4-2 所示。

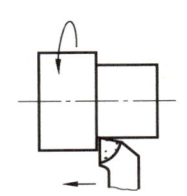

（a）车外圆（车台阶）

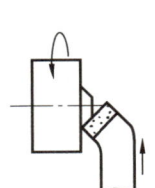

（b）车端面

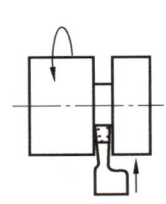

（c）车外沟槽（切断）

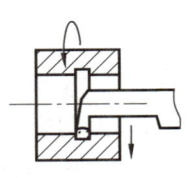

（d）车内沟槽

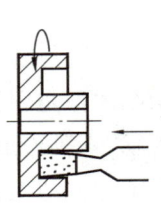

（e）车端面槽

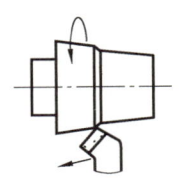

（f）车圆锥面

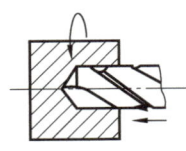

（g）钻孔

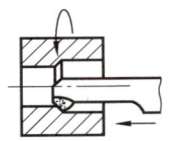

（h）车孔

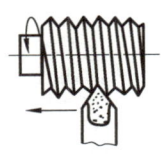

（i）车外螺纹

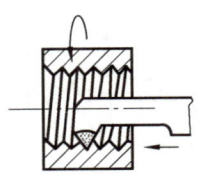

（j）车内螺纹

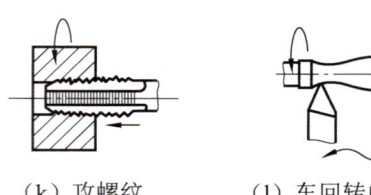 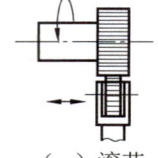

（k）攻螺纹　　　　（l）车回转成形面　　　　（m）滚花

图 4-2　车工的工艺范围

 知识链接

> 滚花是在工件的捏手处或其他工作外表面滚压花纹的加工工艺，主要作用是防滑。

2．车工的切削运动

车工时，切削运动分为主运动和进给运动，如图 4-3 所示。其中，主运动是工件的旋转运动，工件在不断旋转过程中，其表面被车刀切去，从而形成工件的新表面；进给运动是车刀的移动，可以是连续的，也可以是间歇的，它决定切削层的厚度。在上述过程中，工件被切削后形成的新表面称为已加工表面，即将被切削的表面称为待加工表面，正在被切削的表面称为加工表面。

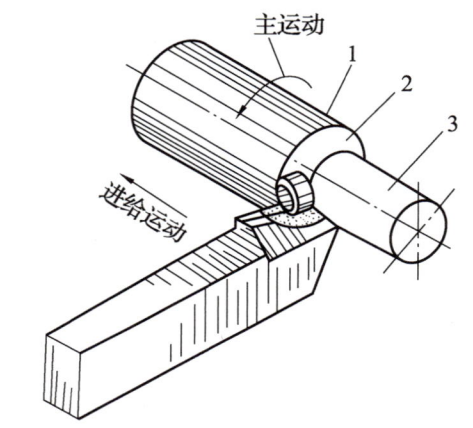

1—待加工表面；2—加工表面；3—已加工表面。

图 4-3　切削运动

3．车工的切削用量

切削用量是用来描述切削运动的参数，主要有切削速度、进给量和背吃刀量。

（1）切削速度 v_c 是指车刀切削刃上任意一点相对于待加工表面在主运动方向上的瞬时速度。切削速度与工件待加工表面直径、车床主轴转速有关，其计算公式为

$$v_c = \frac{\pi d n}{1\,000}$$

式中：

d——工件待加工表面直径，mm；

n——车床主轴转速，r/min。

（2）进给量 f 是指工件每旋转一周，车刀沿进给方向移动的距离，如图 4-4 所示。

（3）背吃刀量 a_p 又称切削深度，是工件上已加工表面和待加工表面之间的垂直距离，即车刀切入工件的深度，如图 4-4 所示。

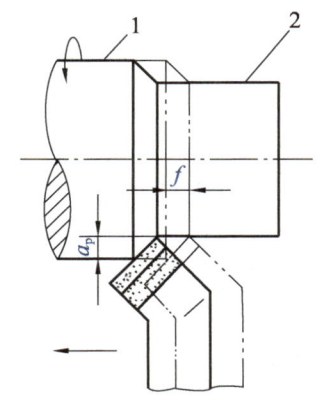

1—待加工表面；2—已加工表面。

图 4-4　进给量和背吃刀量

二、车床

车床是金属切削加工中一种最主要的机床，下面主要介绍车床的组成及常用夹具。

1. 车床的组成

车床的种类很多，根据床身用途和结构不同，车床可分为卧式车床、立式车床、数控车床、特种车床等，其中，应用最广泛的是卧式车床。因此，下面以 C6132 卧式车床为例介绍车床的组成。卧式车床主要由床身、主轴箱、进给箱、光杠、丝杠、刀架、溜板箱、尾座和床腿等部分组成，如图 4-5 所示。

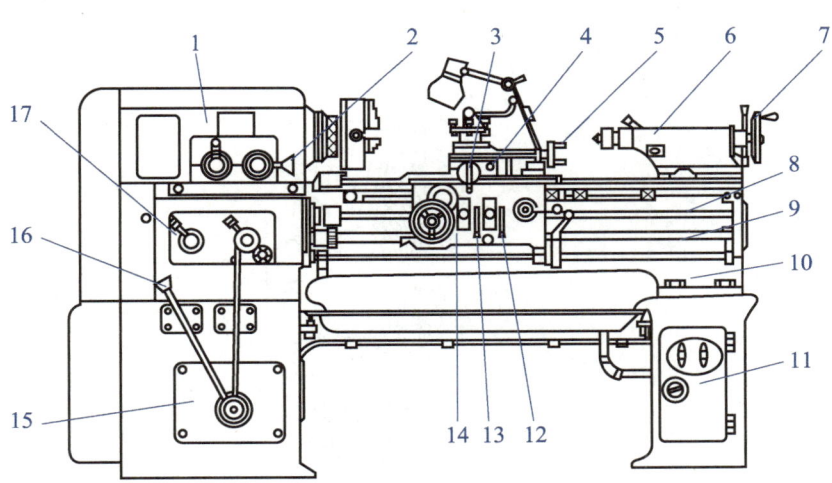

1—主轴箱；2—主轴变速手柄；3—手动横向进给手柄；4—刀架；5—小滑板手柄；6—尾座；7—尾座手轮；
8—丝杠；9—光杠；10—床身；11—床腿；12—横向自动手柄；13—纵向自动手柄；14—溜板箱；
15—变速箱；16—主轴变速手柄；17—进给箱。

图 4-5　C6132 卧式车床

1）床身

床身是车床的基本部件，用以连接各主要功能部件，并保证各部件之间正确的相对位置。

2）主轴箱

主轴箱内装有主轴和主轴变速机构，可实现车工的主运动，即工件的旋转运动。

3）进给箱

进给箱又称走刀箱，内部装有进给运动的变速机构。通过调整进给箱的手柄，可将主轴的旋转运动传递至光杠或丝杠。

4）光杠和丝杠

光杠和丝杠的作用是将进给箱的运动传递给溜板箱。光杠用于传递车削圆柱面、端面、沟槽等的进给运动，丝杠只用于传递车削螺纹的进给运动。

5）刀架和溜板箱

刀架用于装夹车刀并实现对工件的加工。溜板箱与刀架连接，是车床进给运动的操纵箱。溜板箱将光杠传递的进给运动变为车刀需要的纵向或横向直线运动，也可使丝杠带动车刀沿纵向进给车螺纹。

6）尾座

尾座安装在车床导轨上，可沿导轨移动至床身导轨面的任何位置。尾座的套筒内可安装用于支撑工件的顶尖，也可安装用于钻孔或铰孔的钻头、铰刀等工具。

7）床腿

床腿用于支撑床身，承载车床全部质量并与地基连接。

2．车床的常用夹具

车床的常用夹具包括三爪卡盘、四爪卡盘、双顶尖、心轴、花盘等。

1）三爪卡盘

三爪卡盘是车床上最常用的附件，由大锥齿轮、小锥齿轮和卡爪组成，其结构如图 4-6 所示。当转动小锥齿轮时，可使与其相啮合的大锥齿轮随之转动。同时，大锥齿轮背面的平面螺纹转动，使三个卡爪向中心收敛或张开，以夹紧不同直径的工件。由于三爪卡盘的三个卡爪可以同时移动并能自行对中，因此三爪卡盘适用于夹持截面为圆形、正三边形和正六边形的工件。

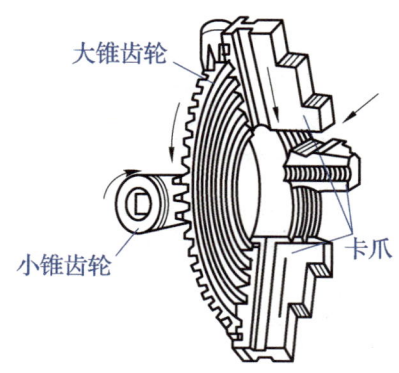

图 4-6　三爪卡盘的结构

三爪卡盘有正爪和反爪两种安装卡爪的方式，如图 4-7 所示。其中，正爪适用于装夹直径较小的工件，反爪适用于装夹直径较大的工件。

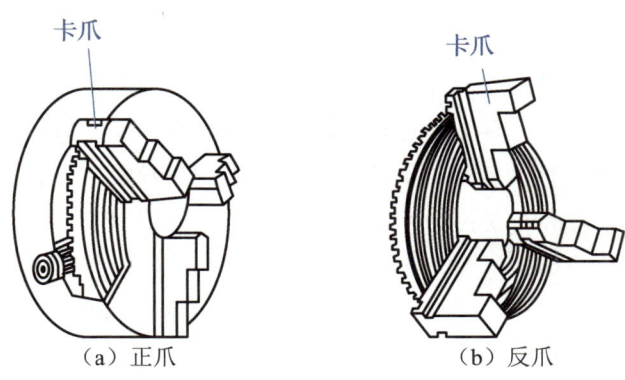

（a）正爪　　　　　　　　（b）反爪

图 4-7　正爪和反爪

2）四爪卡盘

四爪卡盘由卡盘体、卡爪和调整螺杆组成，其结构如图 4-8 所示。通过调整相应的调整螺杆可独立移动四个卡爪，四爪卡盘不仅可以装夹截面为圆形的工件，还可以装夹截面为正方形、长方形、椭圆或其他不规则形状的工件。此外，四爪卡盘的夹紧力比三爪卡盘大，可装夹较重的圆形截面工件；而且四爪卡盘的四个卡爪可以调头形成反爪，用来装夹尺寸较大的工件。由于四爪卡盘的四个卡爪可以独立移动，因此在装夹工件时要进行找正。

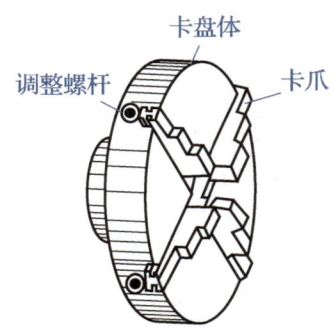

图 4-8　四爪卡盘的结构

3）双顶尖

双顶尖是车床上常用于装夹轴类工件的附件，如图 4-9 所示。轴的两端应在车床或专用机床上用中心钻加工出中心孔，以方便轴固定在前顶尖和后顶尖上。使用双顶尖时，应先将卡箍固定在轴的一端，然后将轴装夹在前后两顶尖之间，并使卡箍的尾部插入拨盘的槽内，拨盘安装在主轴上，通过拨盘带动卡箍，便可使轴转动。

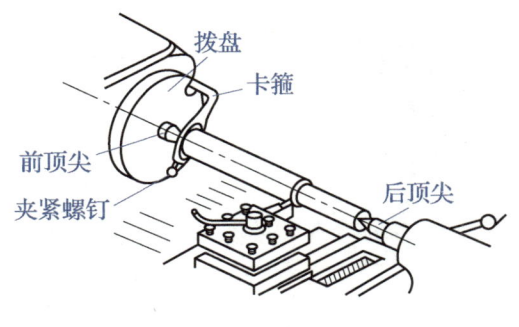

图 4-9　用双顶尖装夹轴类工件

4）心轴

心轴的种类很多，常见的有锥度心轴和圆度心轴两种，如图 4-10 所示。锥度心轴的锥度一般为 1∶5 000～1∶2 000，其紧固靠工件与心轴的摩擦力，锥度心轴装卸方便，对中准确，但是不能承受较大的切削力，多用于盘套类零件的精加工。圆度心轴多用螺母锁紧，锁紧前需要在工件和心轴间加垫圈，圆度心轴夹紧力大，但对中准确度较差，它主要用于盘套类零件的粗加工和半精加工。

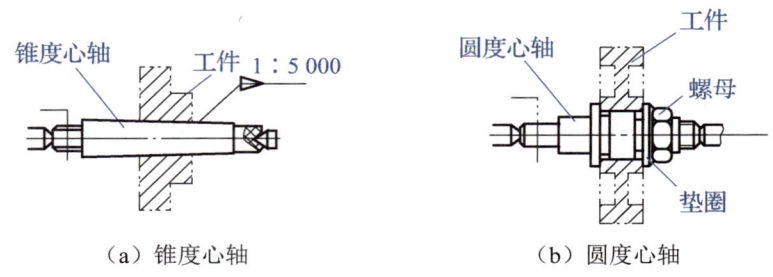

（a）锥度心轴 （b）圆度心轴

图 4-10 锥度心轴和圆度心轴

当加工盘套类零件时，其外圆、内孔和两个端面无法在一次装夹后完成加工。如果把零件调头重新装夹后再加工，则无法保证工件内外圆的同轴度和两端面的平行度。因此，在加工这类零件时，需要先把零件的内孔车出，然后将心轴安装在前后两顶尖之间来定位内孔以车削其他表面。

5）花盘

花盘是安装在车床主轴上的大圆盘，如图 4-11 所示。花盘上有许多用于穿放螺栓的槽，工件可通过螺纹连接直接安装到花盘上。花盘的端面平整，且圆跳动很小。采用花盘装夹工件可保证工件的外圆及内孔的轴线与安装面垂直，或端面与安装面平行，但是需要仔细找正。形状不规则的零件，也常用花盘装夹。

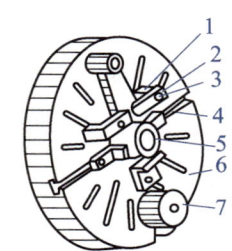

1—垫铁；2—压板；3—螺栓；4—T 形槽；5—工件；6—花盘；7—平衡铁。

图 4-11 花盘

三、车刀

车刀是用于车削加工且具有切削部分的刀具。下面主要从车刀的种类、组成、主要角度和安装等方面来介绍车刀的相关知识。

1. 车刀的种类

车刀的种类很多，根据用途不同，车刀可分为外圆车刀、切槽刀、螺纹车刀、内孔车刀、成形车刀等，如图 4-12 所示。

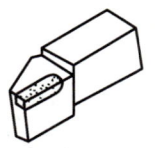  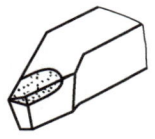  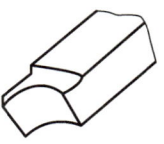

（a）外圆车刀　　（b）切槽刀　　（c）螺纹车刀　　（d）内孔车刀　　（e）成形车刀

图 4-12　车刀的种类

知识链接

> 　　根据结构不同，车刀可分为整体车刀、焊接车刀、机夹可转位车刀等；根据材料不同，车刀可分为高速钢车刀、硬质合金车刀、陶瓷车刀等。

2．车刀的组成

车刀由刀柄和刀头两部分组成，如图 4-13 所示。其中，刀柄是刀具的夹持部分；刀头是刀具的切削部分，由"三面两刃一尖"组成，即前刀面、主后刀面、副后刀面、主切削刃、副切削刃和刀尖，具体如下。

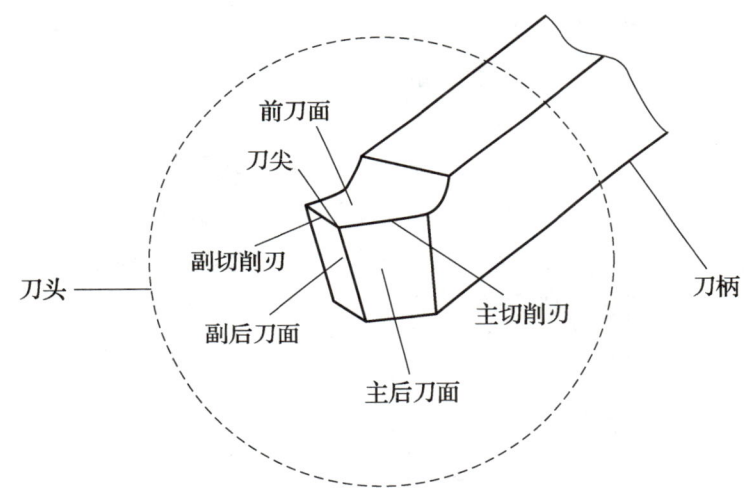

图 4-13　车刀的组成

（1）前刀面是刀具上切屑离开工件时流过的面，一般指车刀的上面。

（2）主后刀面是与前刀面相交形成主切削刃的面，也是与工件加工表面相对的面。

（3）副后刀面是与前刀面相交形成副切削刃的面，也是与工件已加工表面相对的面。

（4）主切削刃是前刀面与主后刀面相交形成的刀刃，承担主要的切削工作。

（5）副切削刃是前刀面与副后刀面相交形成的刀刃，承担少量的切削工作。

（6）刀尖是主切削刃和副切削刃的交点，通常刀尖处会磨出一小段过渡圆弧。

3．车刀的主要角度

车刀的主要角度有前角 γ_0、后角 α_0、主偏角 κ_r、副偏角 κ_r' 和刃倾角 λ_s，如图 4-14 所示。

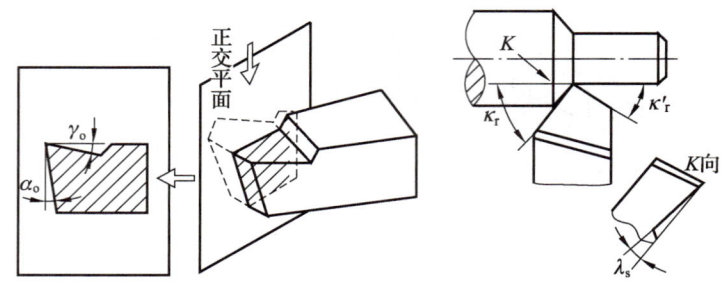

图 4-14　车刀的主要角度

（1）前角 γ_o 是指在正交平面内测量的水平面与前刀面之间的夹角，增大前角会使前刀面的倾斜程度增加，主切削刃变锋利，便于切削。但是前角也不能太大，否则会削弱刀刃强度。一般前角 γ_o 的取值范围为 $-5° \sim 25°$，加工塑性材料时选较大值，加工脆性材料时选较小值。

（2）后角 α_o 是指在正交平面内测量的主切削刃的铅垂面与主后刀面之间的夹角，其作用是减小车削时主后刀面与工件的摩擦，降低切削时的振动，提高工件表面质量。一般后角 α_o 的取值范围为 $3° \sim 12°$，粗加工时选取较小值，精加工时选取较大值。

（3）主偏角 κ_r 是指主切削刃在水平面上的投影与进给运动同方向之间的夹角。减小主偏角会使刀尖强度增加，散热条件得到改善，车刀使用寿命提高。但是主偏角也不能太小，否则会增加工件的径向力，使工件变形增大，影响加工质量。一般主偏角 κ_r 的取值为 $45°$、$60°$、$75°$ 和 $90°$。在车削细长轴时，主偏角 κ_r 应取 $75°$ 或 $90°$。

（4）副偏角 κ_r' 是指副切削刃在水平面上的投影与进给运动反方向之间的夹角，其作用是减少副切削刃与已加工表面之间的摩擦，以提高表面质量。一般副偏角 κ_r' 的取值范围为 $5° \sim 15°$。

（5）刃倾角 λ_s 是指在主切削刃的铅垂面内测量的主切削刃与水平面之间的夹角，其作用是控制切屑流动的方向和改变刀尖的强度。一般刃倾角 λ_s 的取值范围为 $-5° \sim 5°$。

4．车刀的安装

在刀架上安装车刀时，应注意以下事项。

（1）车刀的刀尖与车床主轴中心等高。安装过高，车刀实际后角减小，车削时会加大后刀面与工件之间的摩擦；安装过低，车刀的前角减小，不利于切削。

（2）车刀伸出刀架不可过长，一般以不超过刀杆高度的两倍为宜。

（3）在车刀下加垫片时，垫片数量要尽量少，并放置平整。

（4）车刀与刀架均要锁紧。

 知识链接

车刀长时间使用会被磨钝，此时必须刃磨车刀，以恢复其合理的形状和角度。通常，车刀在砂轮机上进行刃磨，刃磨不同的车刀要选择不同的砂轮机。例如，高速钢车刀在白色的氧化铝砂轮上刃磨，硬质合金车刀在绿色的碳化硅砂轮上刃磨。

任务实施——车床日常维护

1．任务描述

本任务是对车床进行日常维护。技术要求：正确检查和润滑车床，并对车床的情况做出正确的判断。需要注意的是，车床启动前检查车床是否正常；车床启动后严禁测量工件，严禁用手摸工件；车床出现异常时或人员离开岗位前，必须及时停机并关闭电源。

2．任务准备

对车床进行操作前，操作人员必须佩戴护目镜，穿工服。长发的同学必须戴工作帽，且要把长发盘入工作帽内。

3．实施过程

车床日常维护主要有检查车床和润滑车床两方面的工作。检查车床一般用"望、闻、动、听"四步检查法，即检查车床的外观、检查车床的电气线路、检查车床的操作手柄和检查车床的运行声音。润滑车床时，应选择润滑油对车床的主要结构进行润滑。在进行车床日常维护的过程中记录车床情况，并将表4-1填写完整。

表 4-1　车床日常维护的操作步骤

序号	操作步骤	操作内容	过程记录
1	检查车床	望：对车床的外观进行检查，若未发现外观异常，则判定车床处于未受损伤的正常状态	
		闻：对车床的电气线路进行检查，按顺序依次打开车床电源，启动电动机，若车床因电气线路老化或过载散发出焦糊味，应立即停机断电，并查找原因	
		动：检查车床的操作手柄是否灵活有效，若出现操作卡顿或阻滞现象，应立即停机，并检查维修	
		听：在车床运行过程中，听车床运行声音是否正常，若声音异常，应及时停机，并查找原因	
2	润滑车床	使用 40 号机械润滑油对主轴箱、导轨和丝杠等结构进行润滑，并记录车床在润滑前后的区别	

任务二　车外圆、端面与台阶

任务引入

小赵是一名机械维修工人。一天，他突然接到一个维修任务，需要维修一辆已经停产多年的汽车。在维修过程中，他发现一个轴坏了，但是该轴没有备用件且已经停产，因此只能动手加工。目前能利用的新轴直径比原轴直径大 4 mm，于是小赵在车床上对新轴进行了一番加工，加工后的新轴直径与原轴直径几乎分毫不差。最终小赵成功修好了这辆停产多年的汽车。

想一想：新轴经过怎样的加工后才能使其直径与原轴直径一致呢？

一、车外圆

车外圆是将工件外表面加工成圆柱形外表面的工艺过程，是最常见、最基本的车削加工工艺。下面主要介绍外圆车刀和车外圆的操作步骤。

1. 外圆车刀

常用的外圆车刀有 45°弯头车刀、60°～70°外圆车刀和 90°偏刀，如图 4-15 所示。其中，45°弯头车刀主要用于车外圆、端面和倒角；60°～70°外圆车刀主要用于粗车和精车外圆；90°偏刀主要用于车外圆、端面和台阶。

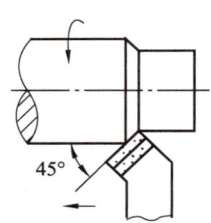

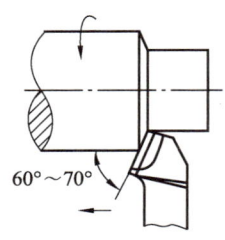

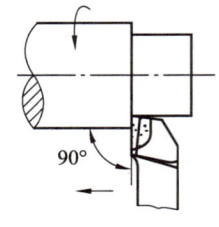

（a）45°弯头车刀　　　（b）60°～70°外圆车刀　　　（c）90°偏刀

图 4-15　常用的外圆车刀

 知识链接

为了保证加工质量和提高加工效率，加工过程可分为粗车和精车两个阶段。粗车以尽快切除加工余量为主，对尺寸精度和表面质量要求较低。精车以保证加工质量为主，将粗车留下的加工余量去除，使工件达到尺寸精度和表面粗糙度要求。通常精车的尺寸精度为 IT8～IT7，表面粗糙度 Ra 可达到 3.2～1.6 μm。

2. 车外圆的操作步骤

车外圆的操作步骤如下。

（1）确定加工余量。测量毛坯尺寸，确定车削的加工余量。

（2）开机准备。先安装工件、车刀，调整主轴转速和进给量，然后启动车床。

（3）对刀。操作手动横向进给手柄和小滑板手柄，移动刀架，使刀尖与工件外圆表面接触，如图 4-16（a）所示。

（4）退刀。操作手动横向进给手柄和小滑板手柄，使车刀退离工件，如图 4-16（b）所示。

（5）进刀。用刻度盘将背吃刀量调整为 a_{p1}，并根据背吃刀量计算出主轴转速，开始车削，如图 4-16（c）所示。

（6）试切。进行试切，即向左车削 1～3 mm，如图 4-16（d）所示。

（7）退刀，停车测量。测量车削后工件的直径是否满足要求，如图 4-16（e）所示。

（8）车削。测量后，如果工件尺寸符合要求，则可开车进行车削，如图 4-16（f）所示；如果工件尺寸不符合要求，应重复步骤（5）～（7），直至其符合要求，然后进行车削。

（9）退刀后停车。车削完成后，要先横向退出车刀后再停车。不能先停车后退刀，否则会造成车刀崩刃。

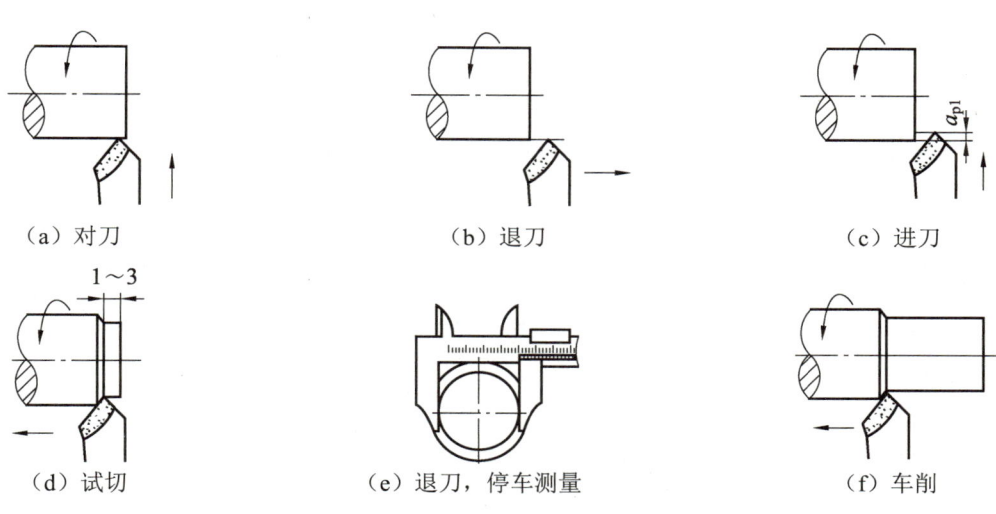

| （a）对刀 | （b）退刀 | （c）进刀 |

| （d）试切 | （e）退刀，停车测量 | （f）车削 |

图 4-16 车外圆的操作步骤

二、车端面

车端面是车削工件端面的工艺过程。车端面时，通常选用 45°弯头车刀和 90°偏刀。下面主要介绍车端面的方法和注意事项。

1. 车端面的方法

45°弯头车刀刀尖强度大，车削时可采用较大的背吃刀量；90°偏刀刀尖强度较小，常用于端面的精车或中心有孔端面的车削。车端面的方法如图 4-17 所示。

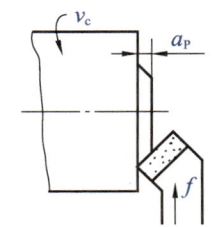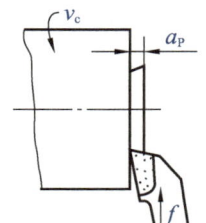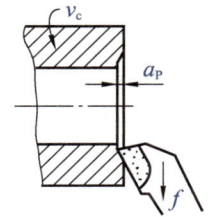

（a）45°弯头车刀车端面　　（b）90°偏刀由外向内精车端面　　（c）90°偏刀由内向外车端面

图 4-17 车端面的方法

2．车端面的注意事项

车端面的操作步骤与车外圆大致相同，但应注意以下几点。

（1）车刀的刀尖应对准工件的回转中心，以免车出的端面中心有凸台或损坏车刀。

（2）车端面时，工件转速可比车外圆时高些，但切削速度由外到内逐渐减小，车刀接近回转中心时，切削速度最小。

（3）车端面时，切削速度应按端面最大直径计算。

（4）车削精度较高的端面时，应先进行试切，然后进行粗车和精车。

三、车台阶

车台阶是利用车外圆和车端面的方法将工件加工成台阶的工艺过程。车台阶时通常选用 90°偏刀。下面主要介绍车低台阶、高台阶的方法，以及车台阶的注意事项。

1．车低台阶

低台阶通常是指高度小于 5 mm 的台阶。安装车刀时，应使主切削刃与工件轴线垂直。车低台阶的操作步骤与车外圆基本相同，即在车外圆的同时车出台阶，如图 4-18 所示。

 知识链接

> 为使车刀的主切削刃垂直于工件的轴线，可在已车好的端面上对刀，使主切削刃与端面贴平。

2．车高台阶

高台阶通常是指高度大于等于 5 mm 的台阶。安装车刀时，应使主切削刃与工件轴线约成 95°。车削时，可用分层法多次走刀后再横向切出，如图 4-19 所示。

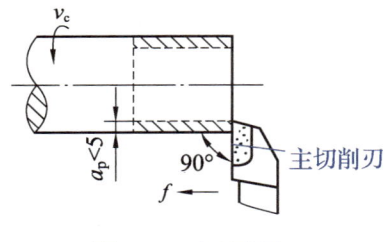

图 4-18　车低台阶

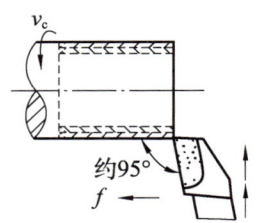 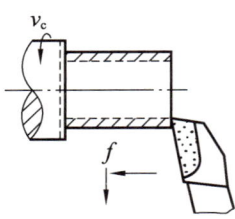

图 4-19　车高台阶

3．车台阶的注意事项

车台阶时应注意以下两点。

（1）当精车至近台阶时，应以手动进给代替自动进给。

（2）当车至台阶端面时，应由外向内慢精车，以保证台阶端面与轴线垂直。

任务实施——车阶梯轴

1.任务描述

本任务是车削如图 4-20 所示的阶梯轴。所用毛坯尺寸为 $\phi 45\,mm \times 90\,mm$，材料为 45 钢。技术要求：在加工过程中，正确操作车床；加工完成后，阶梯轴的尺寸和表面粗糙度符合要求。

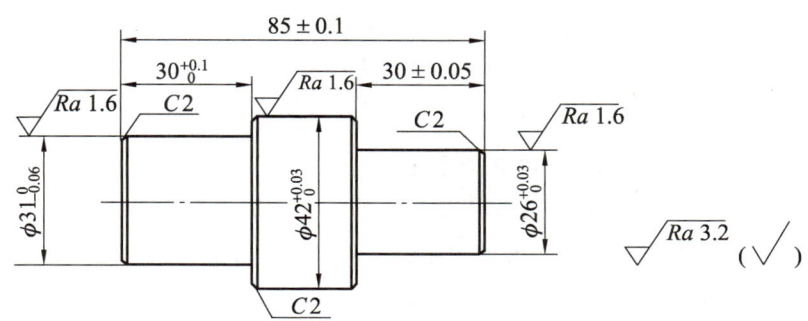

图 4-20　阶梯轴

2.任务准备

准备所用工具，如 45°弯头车刀、90°偏刀、游标卡尺、划针等。

3.实施过程

请大家根据表 4-2 的操作步骤车削完成图 4-20 所示的阶梯轴，并用游标卡尺检测阶梯轴的尺寸是否符合要求。指导老师对学生的作品打分。

表 4-2　车削阶梯轴的操作步骤

序号	操作步骤	操作内容
1	车端面	用三爪卡盘装夹毛坯，将毛坯端面车平，钻 $\phi 3\,mm$ 中心孔后，顶尖夹紧
2	粗车外圆	将毛坯外圆粗车至约为 $\phi 43\,mm$
		粗车 $\phi 26\,mm$ 外圆，留径向精车余量 1 mm，长度余量 0.5 mm
		工件调头，用三爪卡盘装夹后，车端面，控制总长度，留精车余量 1 mm
		钻 $\phi 3\,mm$ 中心孔，顶尖夹紧
		粗车 $\phi 31\,mm$ 外圆，留径向精车余量 1 mm，长度余量 0.5 mm
3	精车外圆并倒角	双顶尖装夹工件（夹持 $\phi 26\,mm$ 外圆）
		精车 $\phi 31\,mm$ 外圆至尺寸，长度至尺寸，并倒角 C2
		精车 $\phi 42\,mm$ 外圆至尺寸，长度至尺寸，并倒角 C2
		工件调头，双顶尖装夹后，精车 $\phi 26\,mm$ 外圆至尺寸，长度至尺寸，并倒角 C2

工匠精神

纤毫之间，精深加工

入行以来，国机重装二重铸锻公司高级技师龙小平坚持日复一日地练，踏踏实实地干。他和团队将首件 CAP1400 核电转轴的产品精度从 0.01 mm 提升到了 0.003 mm，并先后获得中央企业技术能手、全国技术能手、中国重型机械行业大工匠、四川工匠等荣誉称号。

安排工步、转换刀具、调整参数……站在一台车床前，龙小平眼神坚定、动作熟练地完成了准备工作。"一次任务下来，就得花上大半天时间。不仅要心细，还得有耐心，得踏踏实实地干，"龙小平说，"车工的活细不细，全在工件上，一眼就能看出来。"

作为车工领域的高级技师，他长期扎根超大、极限轴类铸锻件精深加工领域，国内首支CAP1400超大型核电半速转轴、300 MW 火电发电机转子等都是经他之手生产下线的。

"从事精加工，选择刀具是第一步，"龙小平说，"加工产品时，工件在车床上做轴向旋转运动，刀具通过直线运动或者曲线运动实现产品加工成形。"对于选择刀具，龙小平有自己的理解。"首先看适配性，通过仔细分析图样，判断转轴材料的特性，进而考虑刀具的更换频率、成本，还要综合考虑加工周期和精度等要求，"龙小平介绍，"只有刀具完全适配转轴材料的加工要求，才能保证加工精度。"

在进行浙江长龙山抽水蓄能电站转子中心体的生产时，龙小平探索出间断切削的方法，精准选择抗冲击的刀具，实现产品精加工。转子中心体是发电机组最核心、机械受力最大的关键部件，结构形状复杂，对于这一类产品攻关，龙小平始终把精准摆在首要位置。

经过多年的工作，龙小平从对车工一无所知的小白，到全国技能手，参与越来越多大型装备项目，他在工作中守正创新，不断锤炼基本功，在工作一线发光发热。

（资料来源：王永战，《国机重装二重铸锻公司高级技师龙小平——纤毫之间，精深加工》，

人民网，2023 年 4 月 11 日）

 **车沟槽、切断与车圆锥面**

任务引入

小张是装配车间的一名技术工人，每天要组装各种各样的配件，是车间公认的技术能手。一天，他在组装时发现缺少一个圆锥零件，便根据已知参数在零件库中找到了一个。按照流程，每个零件在装配前都要进行检测，如尺寸检测和角度检测等。他检测时，发现圆锥零件不能完全装进锥套中，锥面大径超出锥套一截，于是他判定这个圆锥零件不合格，但是还有补救的机会。他用车床对这个圆锥零件进行了一番操作之后，其各个参数都检测合格，顺利完成了组装。

想一想：检测圆锥面的工具有哪些？

一、车沟槽

车沟槽是在工件表面车削沟槽的工艺过程。根据沟槽在工件上位置的不同，车沟槽可分为车外沟

槽、车内沟槽和车端面槽等。下面主要介绍车沟槽的车刀安装和操作步骤。

1. 车沟槽的车刀安装

安装车沟槽的车刀时，刀尖应与工件轴线等高，且主切削刃平行于工件轴线，两副偏角相等。车刀伸出的长度在满足车沟槽需求的前提下要尽量短。车内、外沟槽时横向进给车刀，车端面槽时纵向进给车刀。

2. 车沟槽的操作步骤

当车削宽度小于 5 mm 的窄槽时，可用主切削刃与槽等宽的车刀一次车出。当车削宽度大于 5 mm 的宽槽时，可分几次车出。以车削宽度大于 5 mm 的外沟槽为例，其操作步骤如图 4-21 所示。

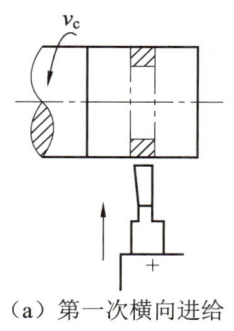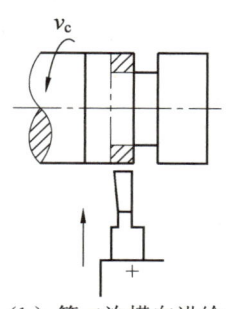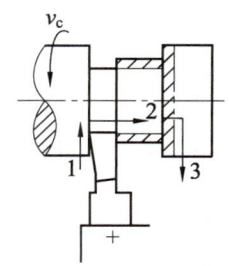

（a）第一次横向进给　　　（b）第二次横向进给　　　（c）最后一次横向进给后再纵向进给，精车槽底

图 4-21　车削宽度大于 5 mm 的外沟槽的操作步骤

二、切断

切断是把坯料或工件分成两段或若干段的工艺过程。下面主要介绍切断刀的选择与安装、切断的方法和注意事项。

1. 切断刀的选择与安装

切断刀与车沟槽所用的车刀相似，刀头窄而长。根据结构不同，切断刀可分为整体式高速钢切断刀、焊接式硬质合金切断刀和弹性机夹式切断刀，如图 4-22 所示。其中，整体式高速钢切断刀和弹性机夹式切断刀适用于小直径工件的切断，焊接式硬质合金切断刀适用于大直径工件的切断。选择切断刀时应注意刀头长度要大于切深，但不宜过长，否则会引起振动甚至折断刀头。

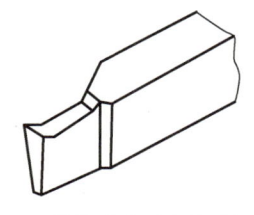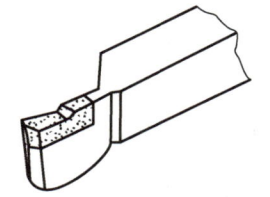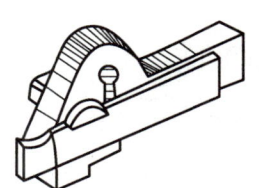

（a）整体式高速钢切断刀　　　（b）焊接式硬质合金切断刀　　　（c）弹性机夹式切断刀

图 4-22　切断刀

安装切断刀时，刀尖应对准工件中心，并与工件轴线等高。若刀尖高于工件轴线，则切断刀无法切入中心；若刀尖低于工件轴线，则切断刀容易被折断。

2．切断的方法

切断的方法有直进法和左右借刀法，如图 4-23 所示。其中，直进法操作简单，应用广泛；左右借刀法适用于工件刚性不足或直径较大的情况。

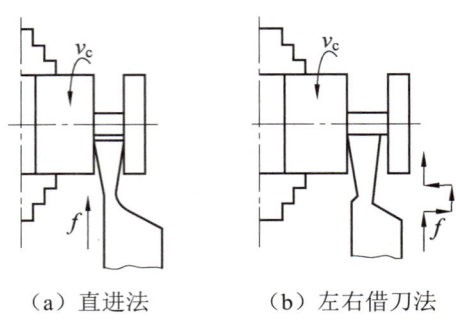

（a）直进法　　　（b）左右借刀法

图 4-23　切断的方法

3．切断的注意事项

切断刀由于刀头窄而长，因此很容易被折断。切断时应注意以下几点。

（1）避免切断安装在顶尖上的工件。

（2）切断安装在卡盘上的工件时，工件的切断处应距卡盘近些。通常切断处与卡盘的距离 a 应小于工件的直径 d，如图 4-24 所示。

（3）在即将切断工件时，必须放慢进给速度，以免折断刀头。

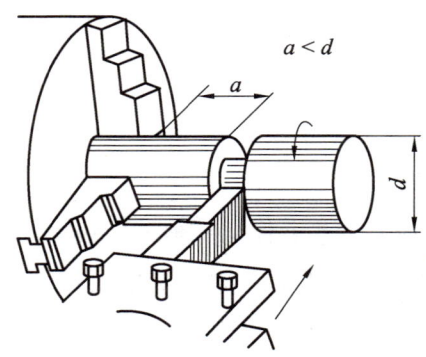

图 4-24　切断安装在卡盘上的工件

三、车圆锥面

车圆锥面是将工件表面车削成圆锥面的工艺过程。圆锥面用于零件之间的装配，具有配合紧密、拆装方便、多次拆装后仍能保持准确定心的特点。下面主要介绍圆锥参数的计算、车圆锥面的方法和圆锥面的检测。

1．圆锥参数的计算

圆锥体的主要参数如图 4-25 所示，锥度与圆锥半角之间的关系为

$$C = \frac{D-d}{L} = 2\tan\frac{\alpha}{2}$$

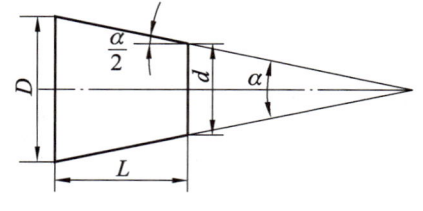

图 4-25　圆锥体的主要参数

$$\tan\frac{\alpha}{2}=\frac{D-d}{2L}=\frac{C}{2}$$

式中：

C ——锥度，上、下两底圆的直径差与轴向长度之比；

α ——圆锥角，$\frac{\alpha}{2}$ 为圆锥半角（又称圆锥斜角），单位为（°）；

L ——轴向长度，单位为 mm；

D ——锥面大端直径，单位为 mm；

D ——锥面小端直径，单位为 mm。

当 $\frac{\alpha}{2}<6°$ 时，$\frac{\alpha}{2}$ 的计算公式为

$$\frac{\alpha}{2}\approx28.7°\times\frac{D-d}{L}$$

2．车圆锥面的方法

为车出既定要求的圆锥面，必须使工件的旋转轴线与走刀方向成一定的夹角，该夹角等于圆锥半角 $\frac{\alpha}{2}$。车圆锥面的方法有小滑板转位法、尾座偏移法、靠模法和宽刀法四种。

1）小滑板转位法

小滑板转位法是指根据零件的圆锥角 α，先将小滑板转过圆锥半角 $\frac{\alpha}{2}$ 再车圆锥面的方法，如图 4-26 所示。

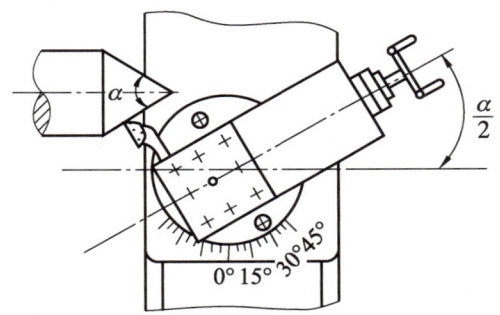

图 4-26　用小滑板转位法车圆锥面

用小滑板转位法车圆锥面时，操作简单，不仅能保证一定的加工精度，还能车任意圆锥角的内外圆锥面，因此应用比较广泛。但是由于小滑板有一定的行程限制，且不能自动走刀，只能手动进给，因此劳动强度大，只适用于加工单件或小批量生产精度较低、轴向长度较短的圆锥面。

2）尾座偏移法

尾座偏移法是指尾座体相对底座向前或向后偏移一定距离 S，使安装在前后顶尖之间的工件的旋转轴线与车床主轴轴线的夹角等于圆锥半角 $\alpha/2$，当刀架自动（或手动）进给时即可车出所需的圆锥面的方法，如图 4-27 所示。

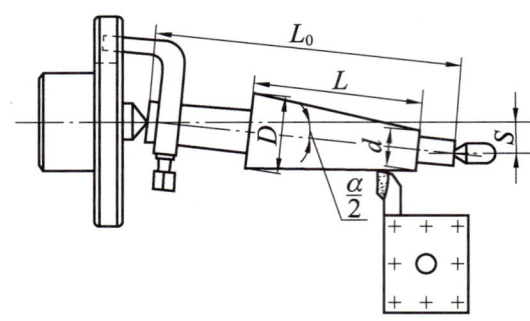

图 4-27　用尾座偏移法车圆锥面

用尾座偏移法车圆锥面时，表面粗糙度 Ra 可达到 $6.3 \sim 1.6\ \mu m$。尾座偏移法只适用于加工安装在顶尖上轴向长度较长、圆锥半角 $\dfrac{\alpha}{2} < 8°$ 的外圆锥面。

3）靠模法

靠模法是指靠模板绕中心轴相对底座扳转一定角度，滑块在靠模板导轨上可自由滑动，并通过连接板与中滑板相连，当大滑板自动（或手动）纵向进给时，即可车出圆锥半角为 $\dfrac{\alpha}{2}$ 的圆锥面的方法，如图 4-28 所示。

利用靠模法车圆锥面时，表面粗糙度 Ra 可达到 $6.3 \sim 1.6\ \mu m$。靠模法适用于大批生产轴向长度较长、圆锥半角 $\dfrac{\alpha}{2} < 12°$ 的内外圆锥面。

4）宽刀法

宽刀法是指用与工件轴线夹角等于圆锥半角 $\dfrac{\alpha}{2}$ 的宽刀车圆锥面的方法，如图 4-29 所示。用宽刀法车圆锥面时，要求宽刀的刀刃要平直，刚性要好。

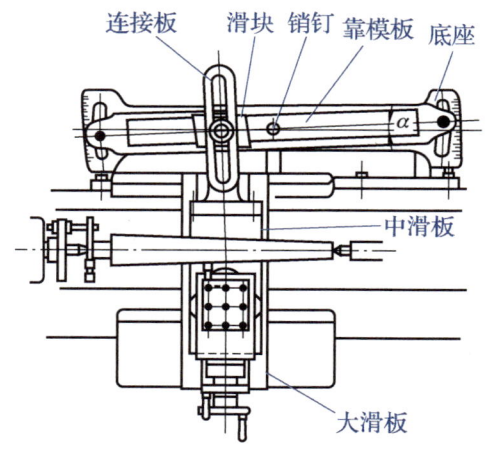

图 4-28　用靠模法车圆锥面

图 4-29　用宽刀法车圆锥面

用宽刀法车圆锥面时，表面粗糙度 Ra 可达到 $6.3 \sim 3.2\ \mu m$。宽刀法只适用于加工锥面轴向长度较短并且对精度要求不高的工件。由于用宽刀法车圆锥面的生产效率高，因此常用于大量生产。

3．圆锥面的检测

圆锥面的检测包括检测圆锥角和检测锥面尺寸两部分。一般精度的圆锥面可用游标万能角度尺检测，使基尺和直尺与被测表面密切贴合，然后拧紧制动器上的螺母，进行读数即可。大量生产的圆锥可用塞规和套规检测，如图4-30所示。其中，塞规用于检测圆锥孔内表面，套规用于检测圆锥外表面。

（a）塞规　　　　　（b）套规

图4-30　塞规和套规

 知识链接

回转成形面是指由一条母线绕一固定轴线回转而成的表面，如手柄和圆球等。车回转成形面的方法有双手控制法、靠模法和样板刀法。

1．双手控制法

双手控制法是指用双手同时转动手动横向进给手柄和小滑板手柄，使刀尖运动的轨迹与回转成形面的母线相符的加工方法，如图4-31所示。车回转成形面时一般使用圆头车刀，加工中需要多次车削和测量，最后需要用锉刀加以修整，才能达到所要求的精度和表面粗糙度。

一般，用样板检测回转成形面，如图4-32所示。用双手控制法车回转成形面的操作技术要求较高，但是由于不需要特殊的设备，生产中仍普遍采用双手控制法，且其多用于单件小批生产中。

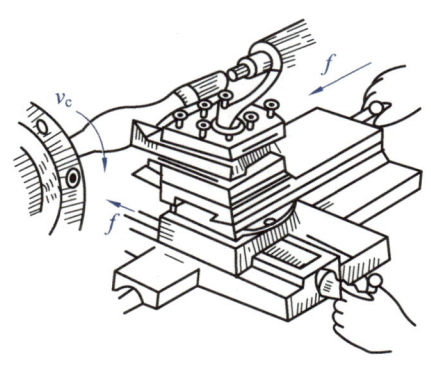

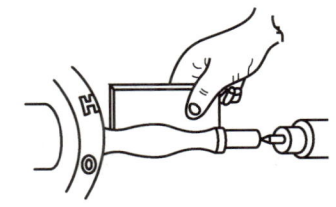

图4-31　用双手控制法车回转成形面　　　　图4-32　用样板检测回转成形面

2. 靠模法

用靠模法车回转成形面与用靠模法车圆锥面的操作类似，所不同的是车回转成形面所用的靠模槽不是斜槽，而是与回转成形面的母线相符的曲线槽，并将滑块换成了滚柱，如图 4-33 所示。用靠模法车回转成形面操作简单，生产效率高，但是制造曲线槽会增加成本，因此靠模法主要用于大批生产中。

3. 样板刀法

用样板刀法车回转成形面与用宽刀法车圆锥面的操作类似，所不同的是车回转成形面所用刀刃形状不是斜的而是曲的，且与零件的表面轮廓一致，如图 4-34 所示。由于样板刀的刀刃不能太宽，刃磨出的曲线形状也不够准确，因此样板刀法常用于加工形状比较简单、质量要求不高的回转成形面。

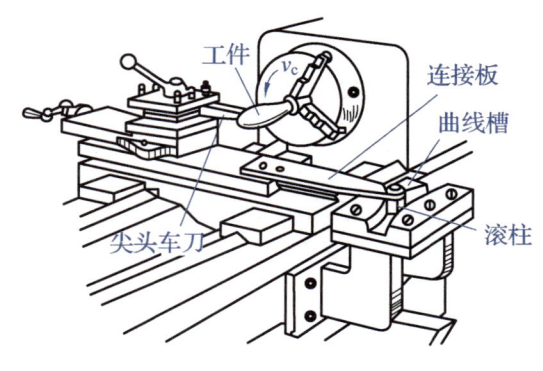
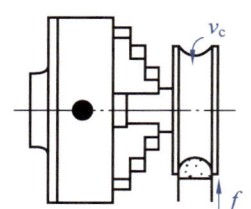

图 4-33　用靠模法车回转成形面　　　　　图 4-34　用样板刀法车回转成形面

🛠 任务实施——车圆锥轴

1. 任务描述

本任务是车如图 4-35 所示的圆锥轴。所用毛坯尺寸为 $\phi 30\,mm \times 80\,mm$，材料为 45 钢。技术要求：正确使用工具，正确操作车床，确保最终得到的圆锥轴尺寸准确。

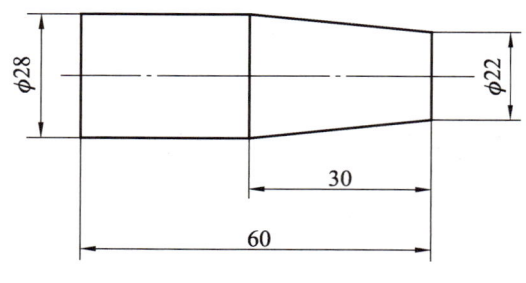

图 4-35　圆锥轴

2. 任务准备

准备所用工具，如外圆车刀、游标卡尺、游标万能角度尺等。

3. 实施过程

本任务的圆锥轴为单件加工，且轴向长度较短，因此采用小滑板转位法进行加工。

1）计算圆锥半角

根据图 4-35 所示圆锥轴的尺寸，可知其圆锥半角的正切值为

$$\tan\frac{\alpha}{2}=\frac{28-22}{2\times30}=\frac{1}{10}=0.1$$

由于 $\tan6°\approx0.105$，因此 $\frac{\alpha}{2}<6°$，于是圆锥半角为

$$\frac{\alpha}{2}\approx28.7°\times\frac{D-d}{L}=28.7°\times\frac{28-22}{30}=5.74°$$

即用小滑板转位法车圆锥面时，转动小滑板的角度为 5.74°。

2）车圆锥轴

车圆锥轴的操作步骤如表 4-3 所示。指导老师对学生的作品打分。

表 4-3　车圆锥轴的操作步骤

序号	操作步骤	操作内容
1	切断	切出尺寸为 $\phi30\ mm\times62\ mm$ 的工件
2	车外圆	将尺寸为 $\phi30\ mm\times62\ mm$ 的工件车至外圆直径为 28 mm
3	车端面	将尺寸为 $\phi28\ mm\times62\ mm$ 的工件车至尺寸为 $\phi28\ mm\times60\ mm$
4	车圆锥面	在端面划出与外圆同心的 $\phi22\ mm$ 的圆
		转动小滑板 5.74°，逐步车圆锥面至既定尺寸
5	检测	用游标万能角度尺检测圆锥角和锥面尺寸

任务四　孔加工与车螺纹

任务引入

小王是一名维修工，一天他需要维修一台故障机器，检查之后，他断定出现故障的根本原因是一个螺栓的螺纹受损，导致该螺栓无法与螺母紧密连接。由于当下无法找到合适的新螺栓，因此小王决定在一个合适的圆杆上加工外螺纹。经过精心的操作，他成功地将圆杆制成了螺栓，并替换了上去，修好了这台机器。

想一想：外螺纹是如何加工出来的呢？

一、孔加工

在车床上可以进行钻孔、扩孔、铰孔和车孔等孔加工操作。其中，钻孔和车孔较为常用，因此下面主要介绍钻孔和车孔。

1. 钻孔

钻孔是用麻花钻在工件实体上加工孔的工艺过程。如图 4-36 所示，在车床上钻孔时，主运动是工

件的旋转运动，进给运动是钻头的轴向运动。钻孔尺寸精度可达到 IT10 以下，表面粗糙度 Ra 可达到 12.5 μm，钻孔多用于粗加工。

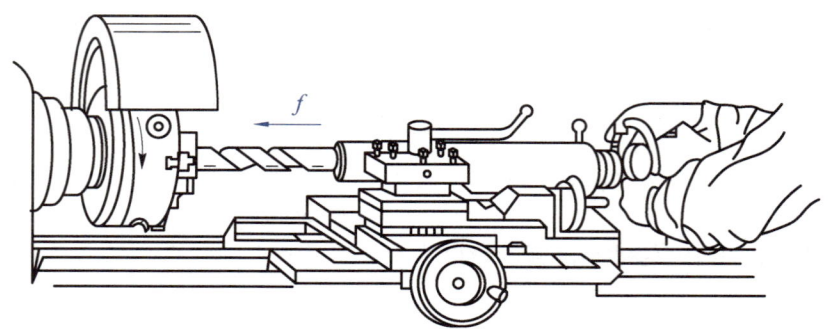

图 4-36　在车床上钻孔

1）钻孔的操作步骤

在车床上钻孔的操作步骤如下。

（1）车端面。在钻中心孔前需要先车出一个端面，以便钻头对准工件中心，防止孔钻偏。

（2）装夹钻头。若采用锥柄钻头，则将钻头锥柄装入尾座套筒内（若锥柄较小，可加过渡套）；若采用直柄钻头，则用钻夹头夹持直柄钻头并将其装入尾座套筒内。

（3）调整尾座位置。松开尾座与床身的紧固螺栓和螺母，移动尾座至钻头能进给到所需的长度时，固定尾座。

（4）开始钻削。松开尾座手柄，启动车床，均匀地摇动尾座手轮进行钻削。

2）钻孔的注意事项

钻孔的注意事项包括以下几点。

（1）开始钻削时，进给量要小些，以使钻头能对准工件中心；在钻头头部进入工件后进给量要大些，以提高生产效率；快要钻透时，要减小进给量，以免损坏钻头。

（2）钻大孔时车床的转速应低些；钻小孔时车床的转速应高些，以改善钻小孔时的钻削条件。

（3）钻削时进刀的速度要均匀，钻削过程中要经常退刀以清除切屑。

（4）钻削过程中要充分使用切削液，以冷却工件、切屑和刀具。

（5）钻通孔时，钻到一定深度后应降低进给速度，以免折断钻头。孔钻通后，应先退出钻头，然后再停车。

 知识链接

> 在车床和钻床上均可加工孔，它们的区别在于主运动和进给运动不同。使用钻床加工孔时，钻头的旋转运动为主运动，钻头的移动为进给运动，工件保持静止。

2．车孔

车孔是用车刀对钻出的孔进行进一步加工的工艺过程。车孔尺寸精度可达到 IT7 以下，表面粗糙度 Ra 可达到 1.6 μm。车孔有车通孔和车不通孔两种，如图 4-37 所示。

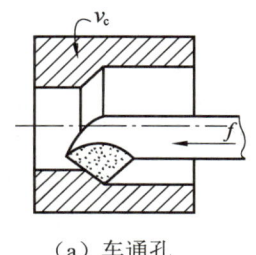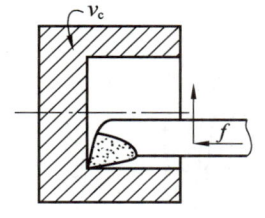

（a）车通孔　　　　　　　　　　　（b）车不通孔

图 4-37　车孔

1）车孔的车刀种类与安装

车孔的车刀有通孔车刀和不通孔车刀两种，通孔车刀的主偏角 κ_r 为 75°，不通孔车刀的主偏角 κ_r 为 92°～95°。在停车状态下安装车刀，安装时刀柄平行于孔轴线，刀尖对准工件中心，并使车刀深入孔，以检查刀杆与内孔表面之间是否留有进给和退刀的余量。

2）车孔的注意事项

车孔的操作步骤与车外圆基本相同，但进刀与退刀的方向相反。车孔时应注意以下几点。

（1）车孔前，手动使车刀在孔内试走一遍，检查车刀与孔壁是否发生干涉。

（2）车孔时，由于刀头散热条件差，排屑不方便，因此背吃刀量比车外圆时小。

（3）车大孔时，一般先粗车后精车。

（4）刀杆越细，其刚性越差，容易出现让刀现象，因此刀杆较细时应减小背吃刀量。

（5）车刀磨损后应先刃磨车刀再进行车削。

 知识链接

> 车孔时，由于振动或切屑的作用，导致车削厚度减小的现象称为让刀。

3．孔的检测

大批量生产时，常用塞规检测孔。对于精度要求不高的孔径，常用游标卡尺检测；对于精度要求较高的孔径，常用内径千分尺、内径百分表检测。

二、车外螺纹

车外螺纹是将圆柱工件外表面车削成螺纹的工艺过程。下面将介绍螺纹、外螺纹车刀和车外螺纹的操作步骤。

1．螺纹

螺纹有牙型、直径、线数、螺距和导程、旋向五要素。车螺纹时只有螺纹五要素都符合要求，车出的螺纹才是合格的螺纹。

（1）牙型。牙型是指在螺纹轴线平面上的螺纹轮廓形状。常见的牙型有三角形、梯形和锯齿形等，如图 4-38 所示。常用普通螺纹的牙型为三角形，牙型角为 60°。

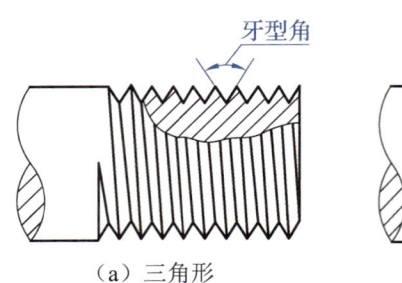
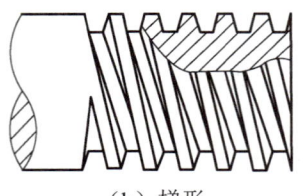
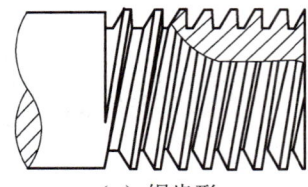

（a）三角形　　　　　　　　　（b）梯形　　　　　　　　　（c）锯齿形

图 4-38　牙型

（2）直径。螺纹直径包括大径 $D(d)$、中径 $D_2(d_2)$ 和小径 $D_1(d_1)$，如图 4-39 所示。① 大径即公称直径，是指与外螺纹牙顶或内螺纹牙底相切的假想圆柱或圆锥的直径，内、外螺纹的大径分别用 D 和 d 表示；② 中径是一个假想圆柱或圆锥的直径，该圆柱或圆锥的母线通过牙型上沟槽和凸起宽度相等的位置，内、外螺纹的中径分别用 D_2 和 d_2 表示；③ 小径是指与外螺纹牙底或内螺纹牙顶相切的假想圆柱或圆锥的直径，内、外螺纹的小径分别用 D_1 和 d_1 表示。

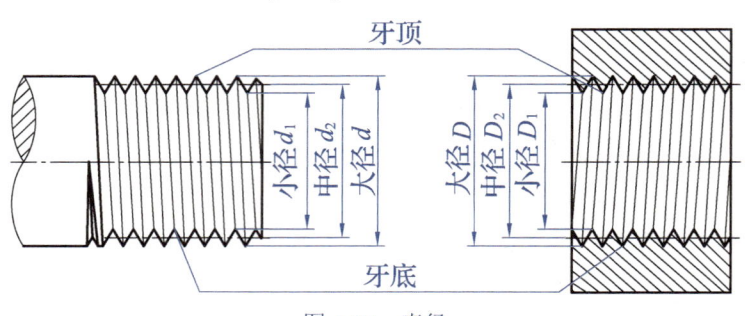

图 4-39　直径

（3）线数。线数是指形成螺纹的螺旋线的条数。沿一条螺旋线形成的螺纹为单线螺纹，沿两条螺旋线形成的螺纹为双线螺纹。

（4）螺距和导程。螺距是指螺纹相邻两牙在中径线上对应两点之间的轴向距离。导程是指同一条螺旋线上相邻两牙在中径线上对应两点间的轴向距离。值得注意的是，在单线螺纹中导程与螺距相等；在多线螺纹中，导程是螺距与线数的乘积。

（5）旋向。旋向是指螺纹旋进的方向，顺时针旋入的螺纹为右旋螺纹，反之为左旋螺纹。

2. 外螺纹车刀

1）外螺纹车刀的几何角度

车外螺纹时，都应使外螺纹车刀的刀尖角与外螺纹牙型角相等。例如，车三角形外螺纹时，外螺纹车刀的刀尖角等于外螺纹牙型角，即 60°。同时，外螺纹车刀前角 γ_0 应为 0°，以保证工件外螺纹的牙型角正确，否则将产生误差。当粗加工或外螺纹要求不高时，其前角 γ_0 可为 5°～20°。

2）外螺纹车刀的安装

安装外螺纹车刀时，应使刀尖对准工件回转中心，并用对刀样板对刀，以保证刀尖角的角平分线与工件的轴线垂直，车出的外螺纹上两个牙型半角相等，牙型不偏斜。

3. 车外螺纹的操作步骤

车外螺纹时，应使工件每转动一周，外螺纹车刀都能准确地移动一个螺距或导程，其传动路线简图如图 4-40 所示。为了使车床的传动路线保持稳定，首先应调整车床的手柄将丝杠接通，然后根据工件的螺距或导程，按照进给箱标牌上所示的手柄位置来换各进给手柄的位置。

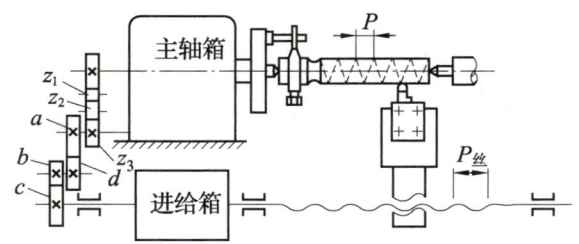

图 4-40　车外螺纹时车床的传动路线简图

车外螺纹的操作步骤如下。

（1）开车，使外螺纹车刀与工件表面轻微接触，同时记下刻度盘的读数，向右退出外螺纹车刀，如图 4-41（a）所示。

（2）在工件表面上车出螺纹线，横向退出外螺纹车刀，停车，如图 4-41（b）所示。

（3）开反车使外螺纹车刀退到工件右端，停车，用钢尺检查螺距是否准确，如图 4-41（c）所示。

（4）利用刻度盘调整背吃刀量，开车切削，如图 4-41（d）所示。

（5）外螺纹车刀将至行程终点时，应做好退刀停车准备，先快速退出外螺纹车刀，然后停车，于反车退回刀架，如图 4-41（e）所示。

（6）再次横向进刀，继续切削，其切削路线如图 4-41（f）所示，直到螺纹小径符合要求。

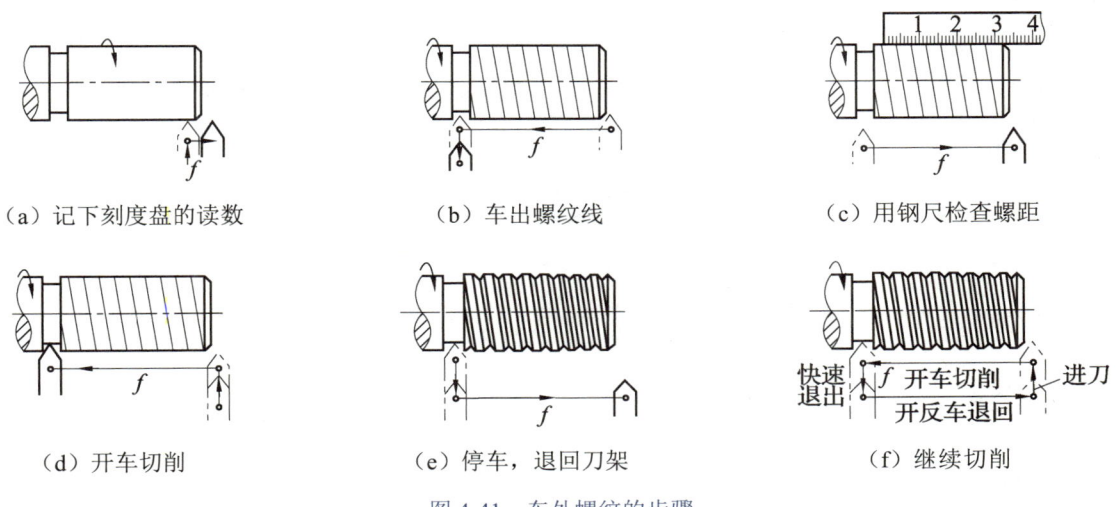

（a）记下刻度盘的读数　　　　（b）车出螺纹线　　　　（c）用钢尺检查螺距

（d）开车切削　　　　（e）停车，退回刀架　　　　（f）继续切削

图 4-41　车外螺纹的步骤

三、车内螺纹

车内螺纹是在车床上将孔的内表面车削成螺纹的工艺过程。下面以车三角形内螺纹为例，介绍车内螺纹的方法。

1. 内螺纹车刀

根据被加工孔的大小和结构选择合适的内螺纹车刀，避免内螺纹车刀在车削过程中与孔壁或孔底产生干涉。内螺纹的形式有三种：通孔内螺纹、不通孔内螺纹和台阶孔内螺纹，如图 4-42 所示。安装内螺纹车刀时，刀尖中心线应与工件轴线垂直，且刀尖应与工件回转中心等高。安装完成后，应用螺纹样板检测刀尖，如图 4-43 所示。

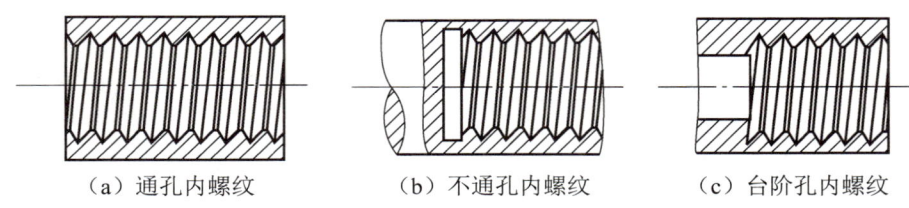

（a）通孔内螺纹　　　　（b）不通孔内螺纹　　　　（c）台阶孔内螺纹

图 4-42　内螺纹的形式

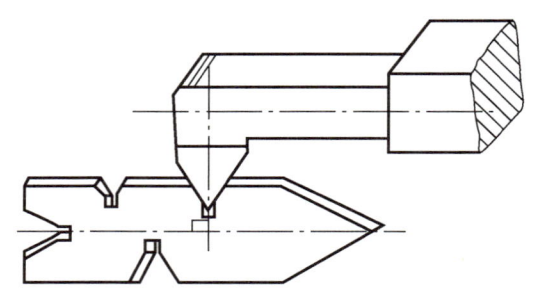

图 4-43　用螺纹样板检测刀尖

2. 车内螺纹的操作步骤

车内螺纹的操作步骤与车外螺纹类似，只是进刀和退刀的方向与车外螺纹时相反。通常先车出内螺纹的小径，再车内螺纹。对于公称直径较小的内螺纹，也可以在车床上用丝锥攻出。由于车内螺纹时，切屑不易排出，且切削过程不易观察，因此相比车外螺纹，车内螺纹对技术要求更高。

 知识链接

　　内螺纹可用螺纹塞规、标准螺杆或专用内螺纹测量仪进行检测。螺纹塞规应用广泛，可检测一般情况下的内螺纹，标准螺杆用于检测对精度要求不高的内螺纹，专用内螺纹测量仪用于检测对精度要求较高的内螺纹。

⚙ 任务实施——车轴套

1. 任务描述

车如图 4-44 所示的轴套，材料为 45 钢，毛坯为外径 ϕ 45 mm、内径 ϕ 20 mm 的圆管。技术要求：正确操作车床并规范使用工具，车出的轴套尺寸准确，符合规定。

2. 任务准备

准备所用工具，如 45°弯头车刀、90°偏刀、内孔车刀、内螺纹车刀、切断刀、游标卡尺、螺纹塞规等。

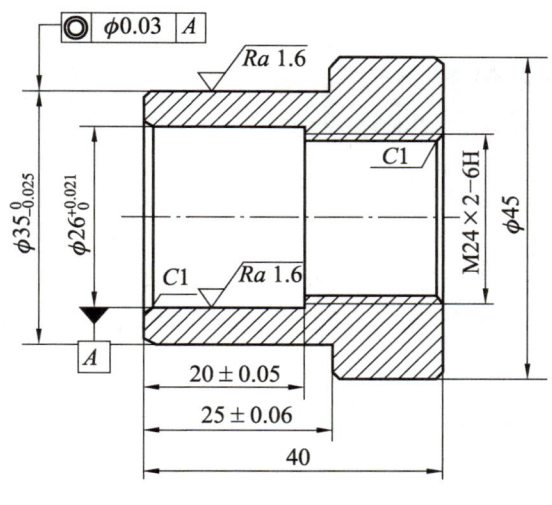

图 4-44 轴套

3. 实施过程

车轴套的操作步骤如表 4-4 所示。车削完成后，检测轴套的尺寸是否符合要求。指导老师对学生的作品打分。

表 4-4 车轴套的操作步骤

序号	操作步骤	工艺内容
1	用三爪卡盘装夹工件（伸出约 50 mm）	车左端面
		粗车 ϕ 26 mm 内孔，留径向精车余量 0.5 mm、长度余量 0.5 mm
		精车 ϕ 26 mm 内孔至尺寸
		粗车 ϕ 35 mm 外圆，留径向精车余量 0.5 mm、长度余量 0.5 mm
		精车 ϕ 35 mm 外圆至尺寸，并内、外孔倒角 C1
		切断，留长度余量 1 mm
2	工件调头，用三爪卡盘装夹工件（夹持约 15 mm）	车右端面，控制总长至 40 mm
		粗车 M24×2 - 6H 螺纹底孔 ϕ 22 mm，留径向精车余量 0.5 mm
		精车螺纹底孔至尺寸 ϕ 22 mm
		内孔倒角 C1
		粗车螺纹 M24，留径向精车余量 0.08 mm
		精车螺纹 M24×2 - 6H 至尺寸
		端面倒角 C1

项目综合实训——加工锤柄

1. 项目描述

熟悉了车工加工的各种方法和要求之后，请同学们尝试车如图 4-45 所示的锤柄，其材料为 45 钢，毛坯尺寸为 $\phi 20\ mm \times 300\ mm$。技术要求：圆弧平面交线清晰，各圆弧连接光滑。

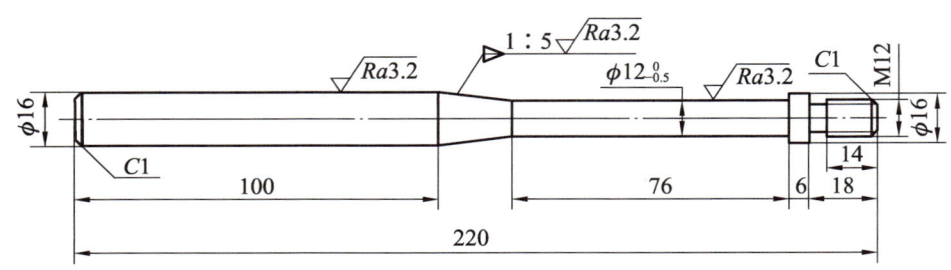

图 4-45 锤柄

2. 实训内容

1）车削工具

车削工具主要有钻头、45°弯头车刀、90°偏刀、游标卡尺。

2）操作步骤

锤柄的加工过程如表 4-5 所示。

表 4-5 锤柄的加工过程

序号	操作步骤	工艺内容
1	用三爪卡盘装夹工件	用三爪卡盘将 $\phi 20\ mm \times 300\ mm$ 的毛坯装夹在车床上，伸出 30 mm 左右
2	打中心孔	将端面车平后，在端面上打中心孔
3	用三爪卡盘和顶针装夹工件	装夹后，使工件伸出 240 mm
4	粗车外圆	粗车 $\phi 16\ mm$ 外圆，长度为 230 mm
		粗车 M12 轴段的 $\phi 12\ mm$ 外圆
		粗车 $\phi 12\ mm$ 轴段的 $\phi 12\ mm$ 外圆
5	精车外圆	精车 $\phi 16\ mm$ 外圆
		精车 M12 轴段的 $\phi 12\ mm$ 外圆
		精车 $\phi 12\ mm$ 轴段的 $\phi 12\ mm$ 外圆
6	车退刀槽	车退刀槽
7	车螺纹	车 M12 螺纹
8	车圆锥面	车锥度为 1:5 的锥面
9	切断	按总长 220.5 mm 切断
10	车端面	工件调头，车平端面，控制总长度为 220 mm，并倒角
11	检测	测量锤柄尺寸

项目考核

1. 填空题

（1）车工主要用于加工_____表面。

（2）车工时，主运动是_____，进给运动是_____。

（3）切削用量包括_____、_____和_____。

（4）车端面常用的刀具有_____和_____。

（5）车 5 mm 以上的台阶时，可用_____多次走刀后再_____。

（6）钻孔尺寸精度可达到_____以下，表面粗糙度 Ra 可达到_____。

2. 选择题

（1）车外圆是将工件外表面加工成_____的操作。　　　　　　　　　　（　　）

　　A．球面　　　　　　　　　　　　　B．半球面

　　C．圆柱形外表面　　　　　　　　　D．圆锥形外表面

（2）螺纹五要素不包括_____。　　　　　　　　　　　　　　　　　　（　　）

　　A．螺纹牙型　　　　　　　　　　　B．螺纹中径

　　C．螺距　　　　　　　　　　　　　D．螺纹长度

（3）通孔车刀的主偏角为_____。　　　　　　　　　　　　　　　　　（　　）

　　A．92°　　　　　　　　　　　　　　B．75°

　　C．60°　　　　　　　　　　　　　　D．45°

（4）下列不属车沟槽的是_____。　　　　　　　　　　　　　　　　　（　　）

　　A．车外沟槽　　　　　　　　　　　B．车内沟槽

　　C．车端面槽　　　　　　　　　　　D．车孔

（5）用小滑板转位法车圆锥面时，根据零件的圆锥角 α，先将小滑板转过_____再车圆锥面。

　　　　　　　　　　　　　　　　　　　　　　　　　　　　　　　　　　（　　）

　　A．α　　　　　　　　　　　　　　B．$\dfrac{\alpha}{2}$

　　C．2α　　　　　　　　　　　　　D．$\dfrac{\alpha}{3}$

3. 判断题

（1）车刀按结构不同可以分为外圆车刀、切槽刀、螺纹车刀、内孔车刀、成形车刀等。（　　）

（2）车刀由刀柄、刀头和刀尖三部分组成。　　　　　　　　　　　　　　　（　　）

（3）切断可以将工件分成两段或若干段。　　　　　　　　　　　　　　　　（　　）

（4）在车床上钻孔时，工件的旋转运动为主运动。　　　　　　　　　　　　（　　）

（5）工件内螺纹的形式只有通孔内螺纹。　　　　　　　　　　　　　　　　（　　）

4. 问答题

（1）简述卧式车床的组成。

（2）简述车端面时的注意事项。

（3）车圆锥面的方法有哪些？

项目评价

指导教师根据学生的实际学习成果对其进行评价，学生配合指导教师共同完成学习成果评价表，如表 4-6 所示。

表 4-6　学习成果评价表

姓名：　　　　　　　　组号：　　　　　　　　指导教师：

评价项目	评价内容	满分/分	评分/分		
			自评	互评	师评
知识（30%）	了解车工、车床和车刀的基础知识	9			
	掌握车外圆、端面与台阶的方法	7			
	掌握车沟槽、切断与车圆锥面的方法	7			
	掌握孔加工与车螺纹的方法	7			
技能（50%）	能够操作车床	10			
	能够车出阶梯轴	10			
	能够车出圆锥轴	10			
	能够车出轴套	10			
	能够加工出锤柄	10			
素养（20%）	积极参加实习活动，主动学习、思考、讨论	5			
	认真负责，按时完成学习任务	5			
	团结协作，与组员之间密切配合	5			
	服从指挥，遵守实习纪律	5			
合计		100			
总评	自评（20%）＋互评（20%）＋师评（60%）＝		综合等级：		
自我评价					
指导教师评价					

项目五

铣　工

项目导读

　　铣削加工简称铣工，是在铣床上利用旋转的刀具对工件进行切削加工的方法。它具有精度高、效率高等优点。铣工以独特的加工方式和广泛的应用范围，在金属加工领域中具有举足轻重的作用。从航空航天、汽车制造到医疗器械、家用电器，几乎所有的金属加工领域都离不开铣工。

　　本项目将带大家学习铣工的相关基础知识及常用的铣工工艺等内容。

知识目标

- ✦ 熟悉铣工的基础知识。
- ✦ 掌握铣平面和斜面的方法。
- ✦ 掌握铣沟槽的方法。

技能目标

- ✦ 能够安装圆柱铣刀。
- ✦ 能够铣出五棱柱。
- ✦ 能够铣出 V 形块。
- ✦ 能够铣出压板零件。

素质目标

- ✦ 养成勤学上进、科学严谨的工作作风。
- ✦ 培养服从纪律、团结协作的团队精神。

任务一　认识铣工

任务引入

　　齿轮应用在我们生活的方方面面，生活中各种机器的运转都离不开齿轮，如图 5-1 所示为常见的齿轮。在齿轮的生产过程中，铣工是必不可少的步骤。使用铣刀铣削齿轮表面，可使齿轮的尺寸精度和表面粗糙度达到加工要求，最终将毛坯齿轮加工成精密的成品齿轮。

图 5-1　常见的齿轮

　　想一想：铣工的工艺范围主要包括哪些方面？

　　铣工是指在铣床上利用铣刀对金属进行切削加工，以达到预定形状和尺寸的工艺，是机械加工中最常用的工艺之一。铣工的尺寸精度可达到 IT9～IT7，表面粗糙度 Ra 可达到 6.3～1.6 μm。下面从铣工的工艺范围、切削用量、铣床、铣刀等方面认识铣工。

铣工

一、铣工的工艺范围

　　铣工的工艺范围很广，可以铣平面、斜面（去角度）、直角通槽、圆弧面等，还可以用于切断，如图 5-2 所示。

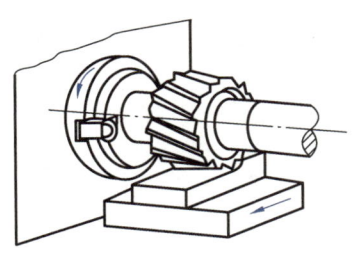

（a）铣平面

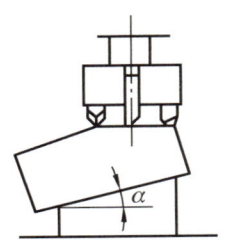

（b）铣斜面（去角度）

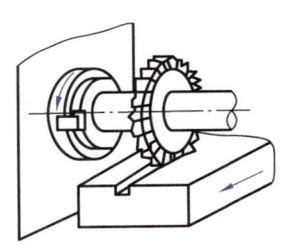

（c）铣直角通槽

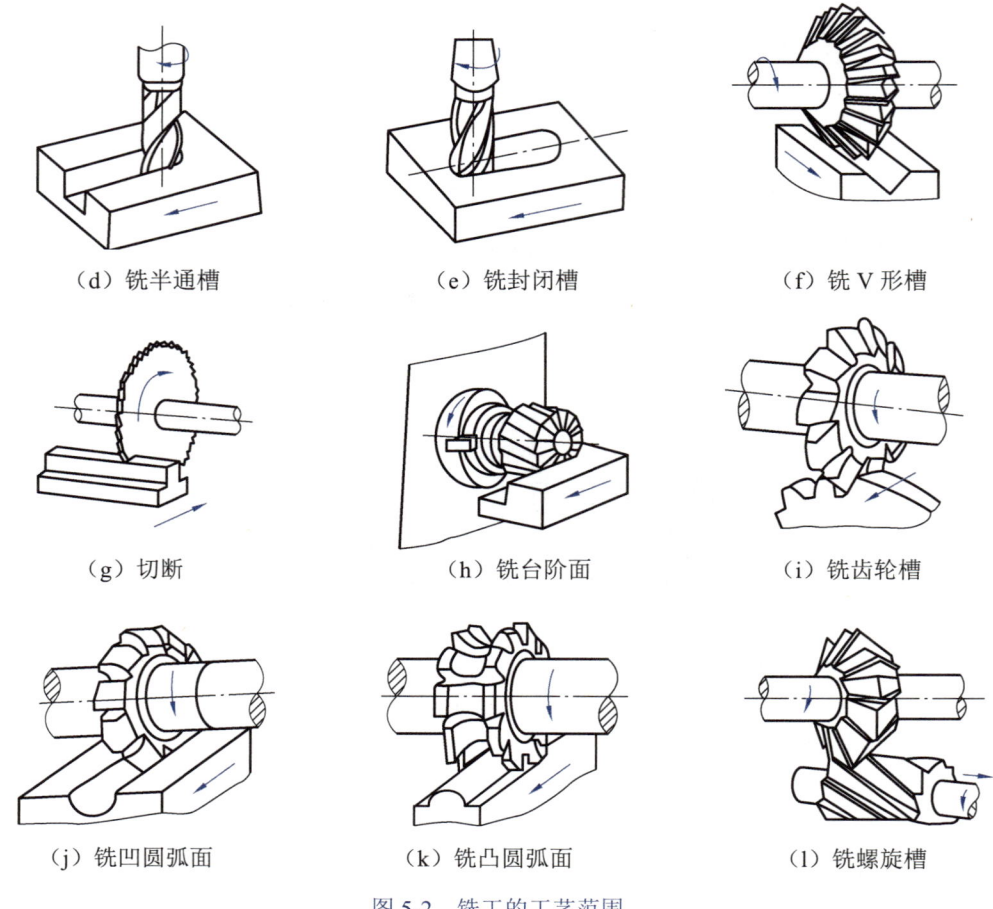

（d）铣半通槽　　　　（e）铣封闭槽　　　　（f）铣 V 形槽

（g）切断　　　　（h）铣台阶面　　　　（i）铣齿轮槽

（j）铣凹圆弧面　　　　（k）铣凸圆弧面　　　　（l）铣螺旋槽

图 5-2　铣工的工艺范围

二、铣工的切削用量

铣削时，主运动是铣刀的旋转运动，进给运动是工件的直线运动。切削速度、进给量、背吃刀量和侧吃刀量等参数组成了铣工的切削用量。如图 5-3 所示为用圆柱铣刀和端铣刀铣削时的切削用量。

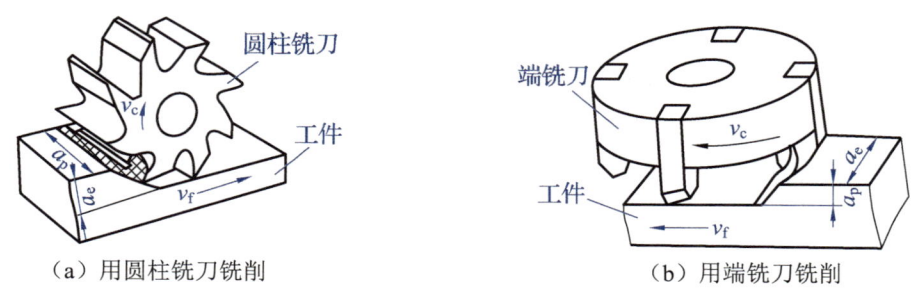

（a）用圆柱铣刀铣削　　　　（b）用端铣刀铣削

图 5-3　铣工的切削用量

1. 切削速度

铣削时，切削速度 v_c 是指铣刀最大外径处切削刃的线速度，计算公式为

$$v_c = \frac{\pi d_t n_t}{1\ 000}$$

式中：

d_t——铣刀直径，单位为 mm；

n_t——铣刀转速，单位为 r/min。

2．进给量

进给量是指工件在进给运动方向上相对铣刀移动的距离。由于铣刀为多刃刀具，因此在计算时取不同的单位时间，可得到不同的度量方式，分别为每分钟进给量 v_f、每转进给量 f 和每齿进给量 a_f。

（1）每分钟进给量 v_f 又称进给速度，是指每分钟工件沿进给方向移动的距离，单位为 mm/min。

（2）每转进给量 f 是指铣刀每转一圈，工件沿进给方向移动的距离，单位为 mm/r。

（3）每齿进给量 a_f 是指铣刀每转过一个刀齿，工件相对铣刀的进给量，单位为 mm/齿。

上述三者之间的关系为

$$a_f = \frac{f}{z} = \frac{v_f}{zn_t}$$

式中：

z ——铣刀的齿数；

n_t——铣刀每分钟转数，单位为 r/min。

3．背吃刀量

背吃刀量 a_p 又称铣削深度，是指沿铣刀轴线方向上测量的切削层尺寸，如图 5-3 所示。切削层是指工件上正被切削刃切削的金属层。

4．侧吃刀量

侧吃刀量 a_e 又称铣削宽度，是指在垂直于铣刀轴线方向上测量的切削层尺寸，如图 5-3 所示。

三、铣床

铣床是金属切削加工中常用的机床，下面主要介绍铣床的种类、组成及附件。

1．铣床的种类

铣床的种类很多，根据主轴与工作台位置关系的不同，铣床可分为卧式铣床和立式铣床。

1）卧式铣床

卧式铣床的主轴与工作台平行，呈水平位置，可安装各种圆柱铣刀、圆片铣刀、角度铣刀、成形铣刀和端面铣刀，以加工各种平面、斜面、沟槽等。卧式铣床的工作台面积较大，适用于加工大型、重型、异形零件，加工精度较高。如图 5-4 所示为卧式铣床。

2）立式铣床

立式铣床的主轴与工作台垂直，可安装立铣刀、钻头等，以铣槽、铣平面等。立式铣床的结构紧凑，占地面积小，适用于加工小型零件和中型零件，操作简便。如图 5-5 所示为立式铣床。

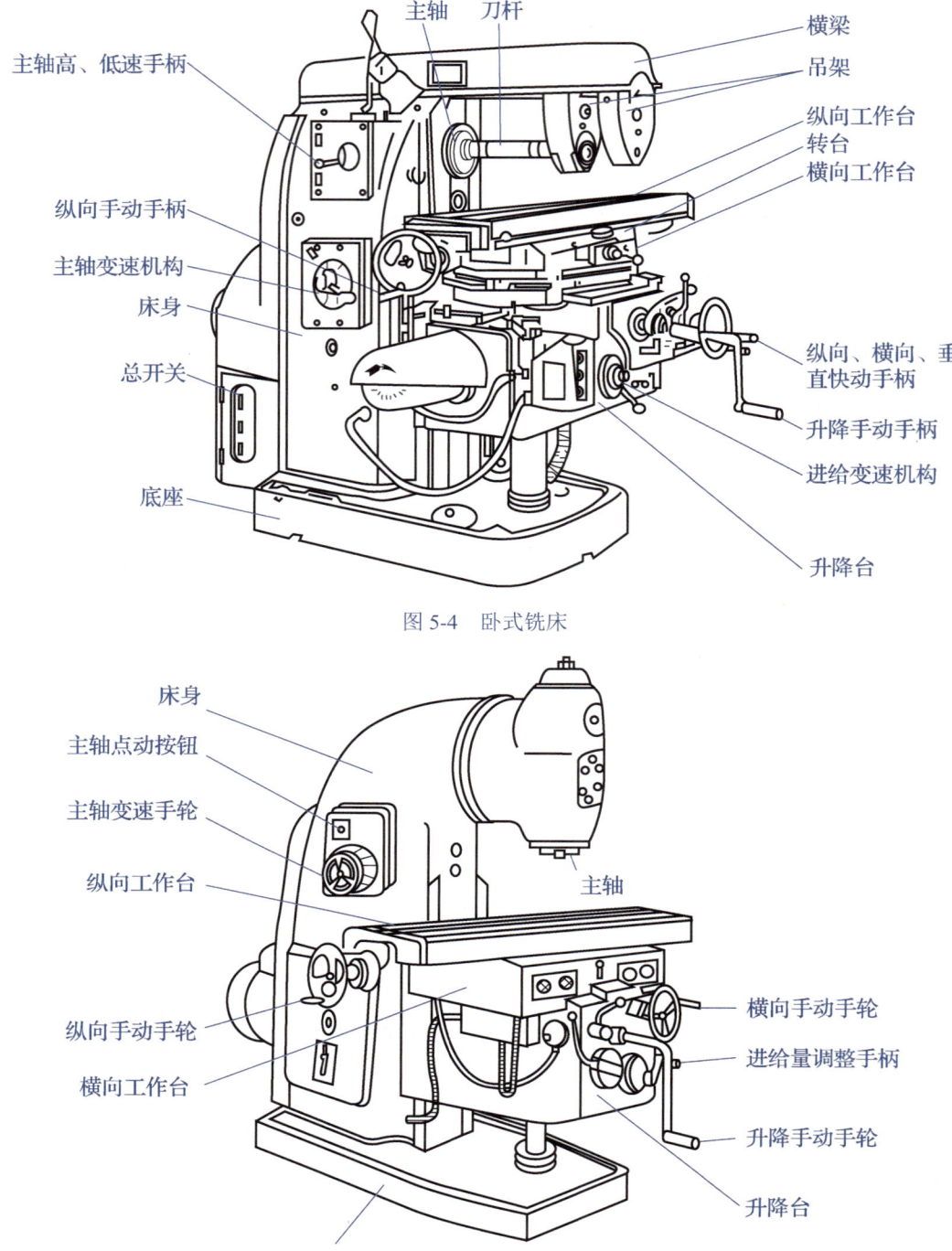

主轴　刀杆

主轴高、低速手柄

横梁
吊架
纵向工作台
转台
横向工作台

纵向手动手柄

主轴变速机构

床身

总开关

纵向、横向、垂
直快动手柄

升降手动手柄

进给变速机构

底座

升降台

图 5-4　卧式铣床

床身
主轴点动按钮
主轴变速手轮

纵向工作台

主轴

纵向手动手轮
横向工作台

横向手动手轮

进给量调整手柄

升降手动手轮

升降台

底座

图 5-5　立式铣床

2．铣床的组成

不同铣床的部件基本一致，下面以卧式铣床为例介绍铣床的组成。卧式铣床主要由床身、主轴、横梁、纵向工作台、横向工作台、升降台、主轴变速机构、进给变速机构和底座等部分组成。

（1）床身是安装、支撑和连接机床上其他部件的载体，其顶部有水平导轨供横梁移动，外侧有垂直导轨供升降台移动，内部有主轴、变速机构和电动机等部件。

（2）主轴是空心的，前端有锥孔，可用来安装刀杆或铣刀。

（3）横梁用来支撑铣刀刀杆伸出的一端，以加强刀杆的刚度。

（4）纵向工作台可以在转台的导轨上纵向移动，以带动安装在台面上的工件进行纵向进给。

（5）横向工作台用来带动纵向工作台及其上的工件一起进行横向进给。

（6）升降台可沿床身导轨进行垂直移动，主要用于调整工作台在垂直方向上的位置。

（7）主轴变速机构是将电动机传来的转速，变换成若干种不同的转速传递给主轴的构件。

（8）进给变速机构安装在升降台内，它可将电动机的转速变换成若干种不同的转速传递给进给机构，进而使工作台移动，以完成铣工。

（9）底座是铣床的支撑部件，用来支撑床身并固定机床。

3．铣床的附件

铣床的附件主要有万能铣头、回转工作台、分度头和夹具等。

1）万能铣头

万能铣头是一种扩大卧式铣床加工范围的铣床附件，利用万能铣头可以在卧式铣床上进行立铣工作。使用万能铣头前，需要先卸下卧式铣床的横梁和刀杆，然后再安装万能铣头。

如图 5-6 所示，万能铣头由大本体、小本体、底座等组成。其中，大本体可以绕铣床主轴轴线旋转任意角度，小本体可以在大本体上偏转任意角度。因此，万能铣头的主轴可在空间内偏转成任意所需的角度。

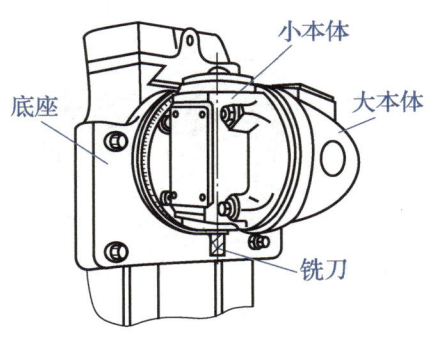

图 5-6　万能铣头的结构

2）回转工作台

回转工作台是指带有转台、用以装夹工件并实现回转和分度定位的铣床附件，如图 5-7 所示。回转工作台主要用于铣带圆弧曲线的外表面和带圆弧沟槽的工件。

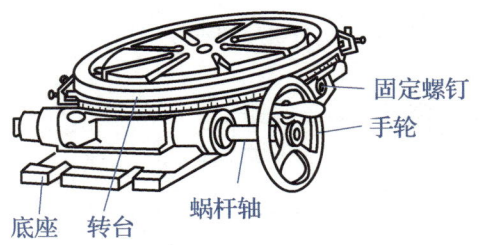

图 5-7　回转工作台

知识链接

在回转工作台上铣圆弧槽时，先将工件装夹在回转工作台上。装夹工件时必须先找正，使工件上圆弧槽的中心和回转工作台的中心重合。铣削时，铣刀旋转后均匀缓慢地转动回转工作台，即可在工件上铣出圆弧槽，如图5-8所示。

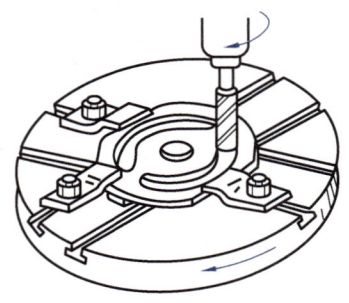

图5-8　在回转工作台上铣圆弧槽

3）分度头

分度头是安装在铣床上将工件分成任意等份的机床附件。分度头主要由底座、分度盘、主轴和回转体等组成，如图5-9所示。

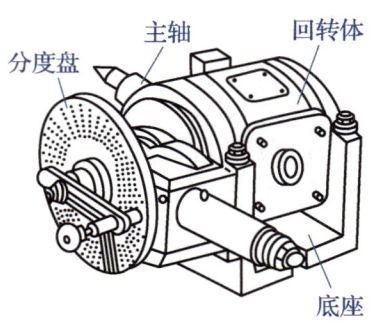

图5-9　分度头

4）夹具

在铣床上装夹工件时经常要借助夹具对工件进行定位并夹紧。根据应用范围的不同，夹具可分为通用夹具、可调夹具和专用夹具三类。

（1）通用夹具的通用性、互换性较强，且已标准化，部分通用夹具已作为机床附件配套使用。常用的通用夹具有平口钳、压板、V形铁等，其装夹方法如图5-10所示。

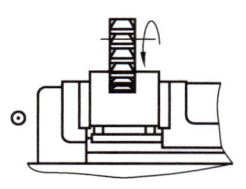

（a）平口钳装夹

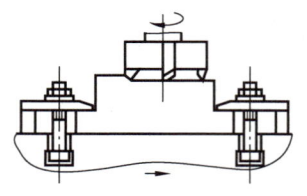

（b）压板装夹

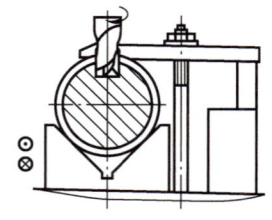

（c）V形铁装夹

图5-10　常用通用夹具的装夹方法

（2）可调夹具可根据工件的形状和尺寸进行组合调整，拓宽了夹具的适用范围，且使用结束后可以进行拆卸存放。可调夹具适用于多品种、小批生产或新产品试制。

（3）专用夹具是为了适应特定工件的某一工序的加工要求专门设计的夹具。使用专用夹具装夹工件，可将工件快速地定位和紧固在工作台的同一位置上，从而提高加工质量和生产效率。由于只能进行特定工件的装夹，因此专用夹具只适用于单一产品的大量生产。

四、铣刀

铣刀是在铣床上进行铣削加工的重要刀具。铣刀是多齿刀具，刀齿可分布在铣刀的外回转面或端面上，每个齿均可视为一个单刃刀。在铣削时，铣刀上的每个单刃刀均为间歇性切削，刀刃的散热条件好，切削速度快。因此，与车工和钳工相比，铣工的生产效率更高。下面主要介绍铣刀的种类及安装。

1．铣刀的种类

铣刀的种类很多，用途也各不相同。铣刀的分类方法较多，具体如下。

（1）根据刀具材料的不同，铣刀可分为高速工具钢铣刀和硬质合金钢铣刀。

（2）根据刀体结构的不同，铣刀可分为整体式铣刀和镶齿式铣刀。

（3）根据用途的不同，铣刀可分为圆柱铣刀、面铣刀、立铣刀、键槽铣刀、T形槽铣刀、三面刃铣刀、锯片铣刀、角度铣刀和成形铣刀等。

相同材料、结构和用途的铣刀也有不同的规格，如铣刀的直径、长度、厚度、刀齿形状和大小等。铣刀磨钝后一般不宜在普通砂轮机上手工刃磨，应在工具磨床上进行刃磨。

2．铣刀的安装

铣刀的安装与铣刀的外形有关，一般可以分为带孔铣刀的安装和带柄铣刀的安装。

1）带孔铣刀的安装

利用刀具孔进行安装的铣刀称为带孔铣刀。带孔铣刀多用于卧式铣床。常用的带孔铣刀有圆柱铣刀、三面刃铣刀、锯片铣刀、角度铣刀、凸半圆铣刀和凹半圆铣刀等，如图5-11所示。

（a）圆柱铣刀

（b）三面刃铣刀

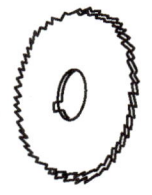
（c）锯片铣刀

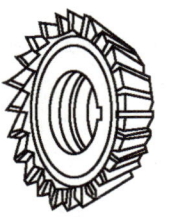
（d）角度铣刀

（e）凸半圆铣刀

（f）凹半圆铣刀

图5-11　带孔铣刀

带孔铣刀通常用刀杆安装，如图 5-12 所示。安装时，铣刀尽可能靠近主轴或吊架，以保证足够的刚度。安装完成后，在拧紧压紧螺母之前，必须先装好吊架，以防刀杆弯曲变形。

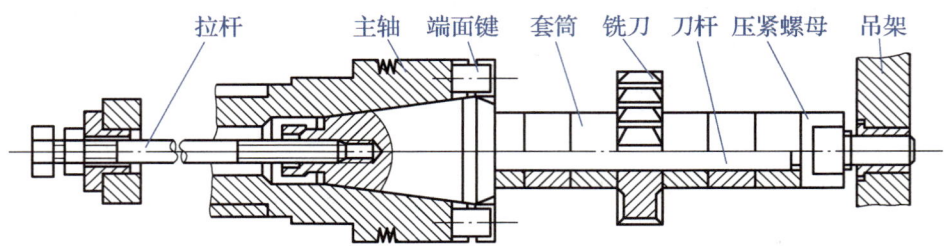

图 5-12　带孔铣刀的安装

2）带柄铣刀的安装

利用柄部进行安装的铣刀称为带柄铣刀。带柄铣刀多用于立式铣床，有的也可用于卧式铣床。常用的带柄铣刀有镶齿端铣刀、立铣刀、键槽铣刀、T 形槽铣刀和燕尾槽铣刀等，如图 5-13 所示。

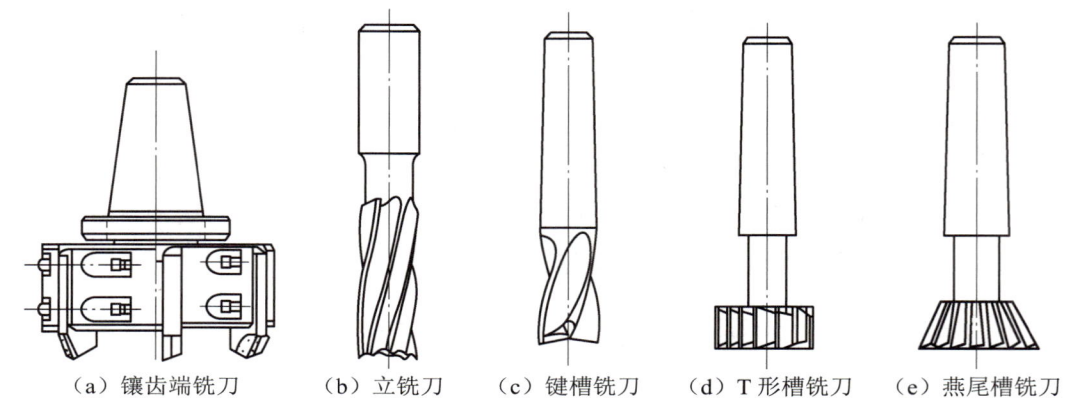

（a）镶齿端铣刀　　（b）立铣刀　　（c）键槽铣刀　　（d）T 形槽铣刀　　（e）燕尾槽铣刀

图 5-13　带柄铣刀

根据柄部结构的不同，带柄铣刀可分为锥柄铣刀和直柄铣刀两种。如图 5-13（a）所示的镶齿端铣刀为锥柄铣刀，安装时需要先选择合适的过渡锥套，再用拉杆将铣刀及过渡锥套一起牢固地安装在主轴端部的锥孔内；如图 5-13（b）所示的立铣刀为直柄铣刀，直柄铣刀的直径一般不大，多用弹簧夹头进行安装。

 ## 任务实施——安装圆柱铣刀

1．任务描述

熟悉了铣床和铣刀的相关知识后，请同学们尝试在铣床上安装圆柱铣刀。技术要求：操作规范，正确安装铣刀，不损坏铣床和铣刀。

2．任务准备

准备工具和个人防护装备。其中，工具包括活口扳手、螺丝刀等，个人防护装备有工作服、工作鞋、工作帽。长发同学应将长发盘入工作帽内。

3．实施过程

安装圆柱铣刀的操作步骤如表 5-1 所示。在操作过程中，学生可将操作要点、遇到的问题等记录下来，填入表 5-1 中。操作完成后观察圆柱铣刀的安装是否符合要求。指导老师对学生的操作打分。

表 5-1　安装圆柱铣刀的操作步骤

序号	操作步骤	操作简图	过程记录
1	安装刀杆和铣刀	键　垫圈　铣刀	
2	套上套筒		
3	装上吊架		
4	拧紧螺母		

 工匠精神

技术工人的自我超越

1997 年，唐银波以江麓技工学校毕业生第一名的好成绩被工厂录用为铣工。刚进车间，师傅就告诫他，能够将完美的设计变成产品的技术工人，就是顶尖的技术人才。唐银波将"成为顶尖技术人才"视为自己不懈的追求。

勤于学习、忙于实践，唐银波给自己定下了"勤学、勤问、勤想、勤练"的座右铭。业余时间，他把精力全部用在学理论、练技能上，曾取得湖南省国防工业系统技能比武竞赛铣工第 1 名、湖南省第二届职业技能大赛铣工第 3 名的好成绩。随着技艺的精进，他先后荣获"湖南省技能大师""全国劳动模范""全国技术能手""第十一届中华技能大奖""享受国务院政府特殊津贴专家"等荣誉。

航天钛合金电池极板是国家 863 计划"高压质子交换膜水电解器技术研究"课题的研究内容，该产品加工难度大。唐银波接手研制任务后，经过多次试验，创造发明了薄板工件真空夹具，成功破解了极板加工中应力变形大、质量不稳定的技术难题。他研制的 3 种规格的极板已正式应用于航天、航空、核潜艇医用制氧领域。该项目曾获中国兵器工业集团公司创新型成果一等奖，他发明的薄板工件真空夹具获国家实用新型专利。

在国家高新工程某新型车辆电动缸导向套筒耳轴的加工遇到瓶颈时，他总结发明的"近圆加工法"解决了技术难题，并且提高了产品的加工效率和质量。诸如此类的工作还有很多。

多年来，唐银波先后参与了 20 余项国家重点高新工程和 100 余项中国兵器工业集团公司高新武器装备预研项目，发明了多项先进的加工方法，破解了企业众多技术、工艺、质量难题。唐银波在工作中积累经验，厚积薄发，勇于创新，不断实现一名技术工人的自我超越。

任务二　铣平面和斜面

 任务引入

小华是铣工车间一位年轻的学徒，每天用铣床加工各种零件。一次接到的加工任务是加工一个含有斜面的零件，他分析工艺后开始用端铣刀铣斜面，如图 5-14 所示。经过一番加工后，他铣出的斜面角度偏差较大，经过仔细排查，终于找到原因。于是，小华重新调整设备后继续进行加工，最终顺利地加工出了角度正确的斜面。

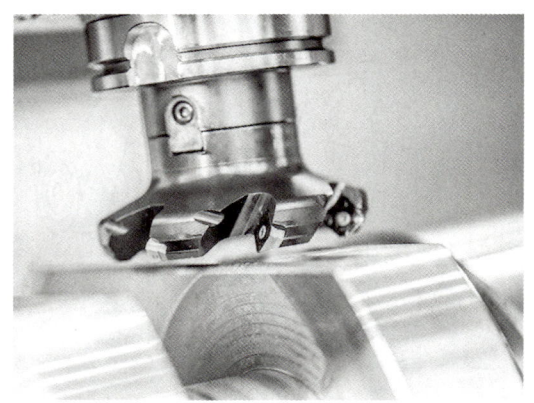

图 5-14　端铣刀铣斜面

想一想：铣出的斜面角度不符合要求的原因可能是什么？

一、铣平面

1．铣刀的选择

铣平面可以在卧式铣床和立式铣床上进行，所用刀具有端铣刀、圆柱铣刀、套式立铣刀、三面刃铣刀和立铣刀等，如图5-15所示。其中，端铣刀和圆柱铣刀铣平面最为常见。

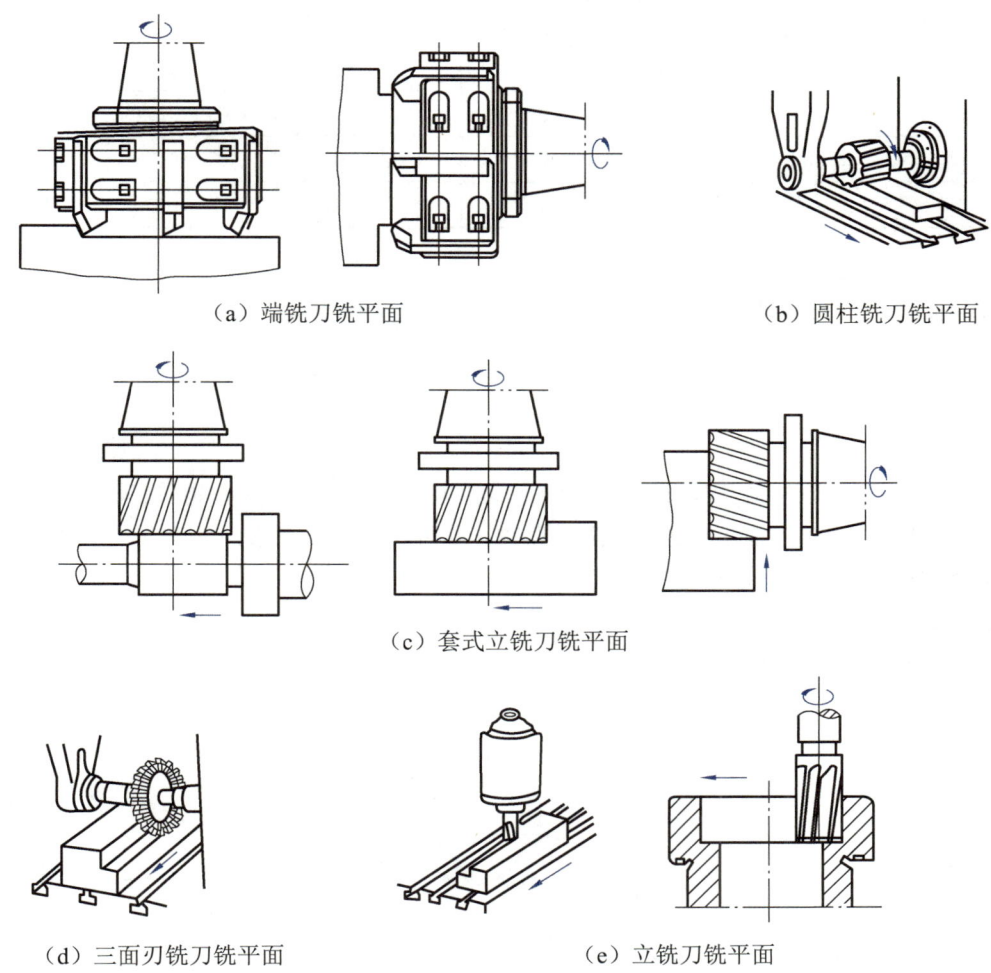

（a）端铣刀铣平面　　　　　　　　　　　　（b）圆柱铣刀铣平面

（c）套式立铣刀铣平面

（d）三面刃铣刀铣平面　　　　　　　　（e）立铣刀铣平面

图5-15　铣平面

在立式铣床上铣平面时，一般选用端铣刀。由于其刀杆的刚性好，同时参加切削的刀齿较多，且工作部分较短，因此铣削过程较平稳、效率较高。由于端铣刀除主切削刃承担切削工作外，端面切削刃还起到修光作用，所以被加工表面的表面粗糙度较小。

在卧式铣床上铣平面时，一般选用圆柱铣刀。圆柱铣刀有螺旋齿圆柱铣刀和直齿圆柱铣刀两种。螺旋齿圆柱铣刀铣削平稳、排屑方便，因此粗铣一般选用螺旋齿圆柱铣刀；直齿圆柱铣刀铣削振动大、排屑困难，但刀具几何精度高，刃磨方便，因此精铣一般选用直齿圆柱铣刀。

2．铣平面的操作步骤

不同铣刀铣平面的操作步骤大致相同，下面以圆柱铣刀为例介绍铣平面的操作步骤。

1）确定切削用量

根据工件的材料、加工余量、铣刀的材料等综合确定切削用量。切削用量推荐值如表 5-2 所示。

表 5-2　切削用量推荐值

工件材料	高速工具钢铣刀				硬质合金钢铣刀			
	切削速度 v_c/（m·min⁻¹）	进给量 f/（mm/r）	侧吃刀量/mm		切削速度 v_c/（m·min⁻¹）	进给量 f/（mm/r）	侧吃刀量/mm	
			粗铣	精铣			粗铣	精铣
低碳钢	21～25	0.1～0.2	<5	0.5～1	150～190	0.12～0.3	<12	0.5～1
中碳钢	23～25	0.05～0.2	<4	0.5～1	120～150	0.07～0.2	<7	0.5～1
高碳钢	12～25	0.05～0.2	<3	0.5～1	60～90	0.07～0.2	<4	0.5～1
灰铸铁	14～28	0.07～0.25	5～7	0.5～1	72～100	0.1～0.3	10～18	0.5～1

2）对刀

装夹并找正工件后，启动铣床，操作手柄，使工件与铣刀轻微接触，并将垂直丝杠刻度盘调零，完成对刀，如图 5-16（a）所示。随后稍稍下降工作台，使工件与铣刀分离后停车，并退出工件，如图 5-16（b）所示。

3）进给

使工作台先升至刻度盘对刀位置，再升至铣削深度位置，并固定升降台和横向工作台，如图 5-16（c）所示。随后启动铣床，先手动进给工作台，待工件切入后再改为自动进给，如图 5-16（d）所示。铣削完成后停车，下降工作台，如图 5-16（e）所示。

4）测量

退回工作台，如图 5-16（f）所示，然后测量工件尺寸。若尺寸精度不合格，重复上述过程直至尺寸精度合格。

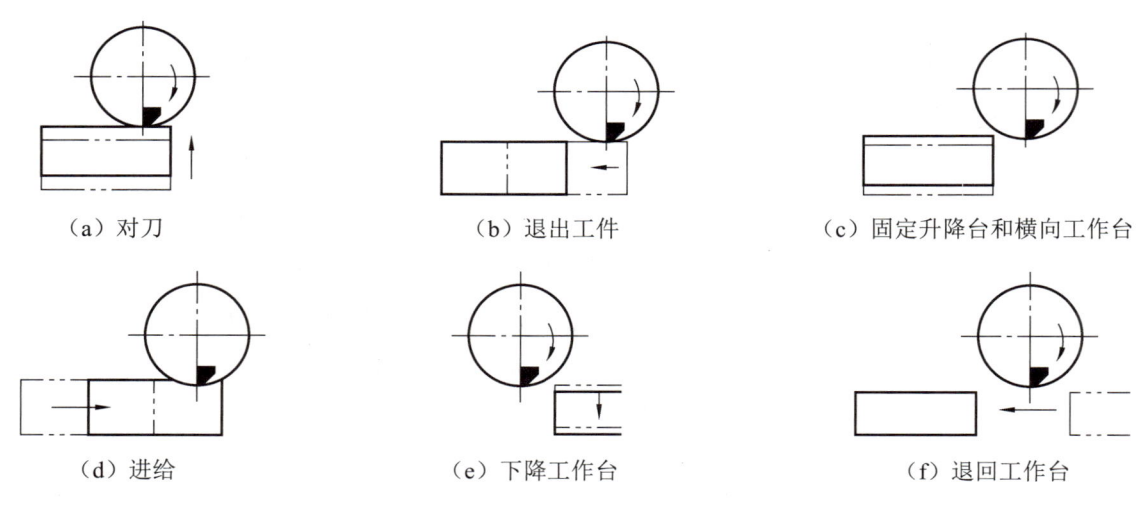

（a）对刀　　　　　　　（b）退出工件　　　　　　（c）固定升降台和横向工作台

（d）进给　　　　　　　（e）下降工作台　　　　　　（f）退回工作台

图 5-16　铣削平面的操作步骤

二、铣斜面

斜面在工件上较为常见，是倾斜度不为零的平面，因此铣斜面与铣平面的方法基本相同，区别在于工件的装夹方式不同。铣斜面的常用方法有以下四种。

1. 使用倾斜垫铁铣斜面

将工件的设计基准面放在倾斜角与工件相同的倾斜垫铁上，用台虎钳和压板压紧后，进行铣削，即可获得所需斜面，如图5-17（a）所示。改变倾斜垫铁的角度，即可加工出不同角度的斜面。

2. 使用万能立铣头铣斜面

转动万能立铣头，使刀具相对于工件倾斜一定的角度来铣斜面，如图5-17（b）所示。

3. 使用分度头铣斜面

在一些圆柱和特殊形状的零件上铣斜面时，可使用分度头将工件转成所需角度来铣斜面，如图 5-17（c）所示。

4. 使用角度铣刀铣斜面

当斜面的倾斜角度较小时，可用角度铣刀铣斜面，如图5-17（d）所示。

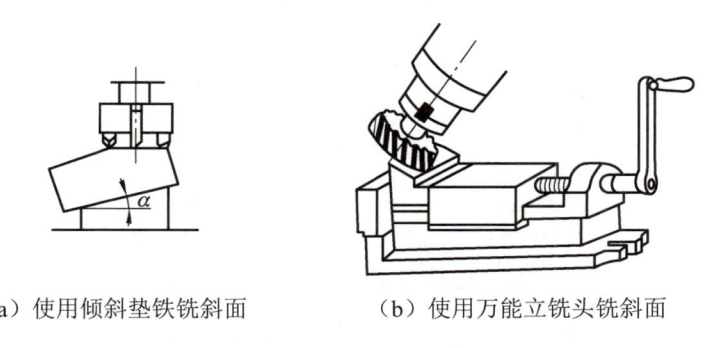

（a）使用倾斜垫铁铣斜面　　　　　（b）使用万能立铣头铣斜面

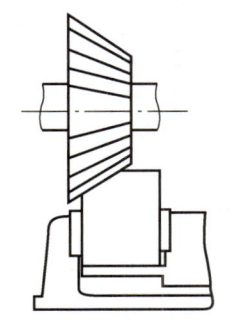

（c）使用分度头铣斜面　　　　（d）使用角度铣刀铣斜面

图 5-17　铣斜面的常用方法

 小提示

　　铣斜面完成后，需要对斜面角度进行检验。当精度要求不高时，斜面角度可直接用万能角度尺测量；当精度要求较高时，斜面角度可用正弦规进行测量。

 知识链接

　　根据铣刀旋转方向与工件进给方向是否相同，铣削加工可分为顺铣和逆铣，如图5-18所示。
　　（1）顺铣是铣刀每一刀齿在工件上切削时的旋转方向与工件的进给方向相同。顺铣时铣刀更耐用，且垂直铣削分力有利于夹紧工件，但工作台可能发生窜动，造成工作台进给不均匀。

（2）逆铣是铣刀每一刀齿在工件上切削时的旋转方向与工件的进给方向相反。逆铣时工作台不会窜动，铣削过程平稳，但一定要牢固夹紧工件，防止铣削力将工件抬起飞出。

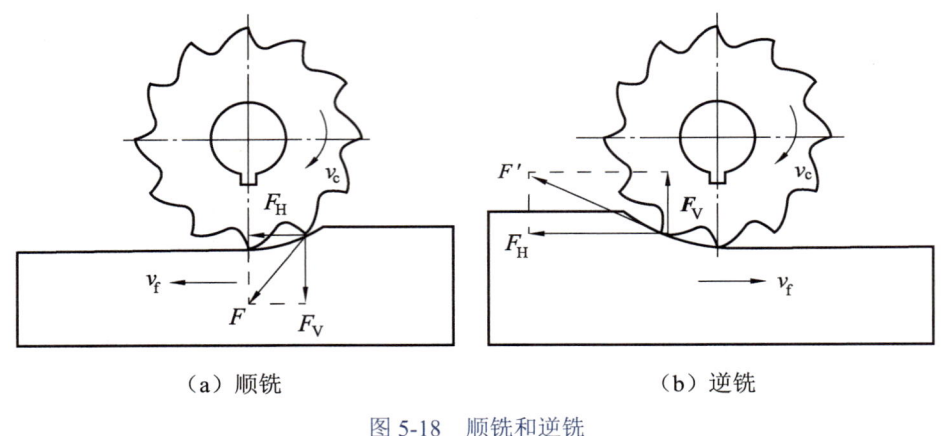

（a）顺铣　　　　　　　　　　　（b）逆铣

图 5-18　顺铣和逆铣

任务实施——铣五棱柱

1. 任务描述

本任务是在铣床上加工如图 5-19 所示的五棱柱。毛坯材料为 45 钢，尺寸为 110 mm×80 mm×70 mm。技术要求：尺寸精度为 ±0.15 mm，表面粗糙度 Ra 为 3.2 μm。

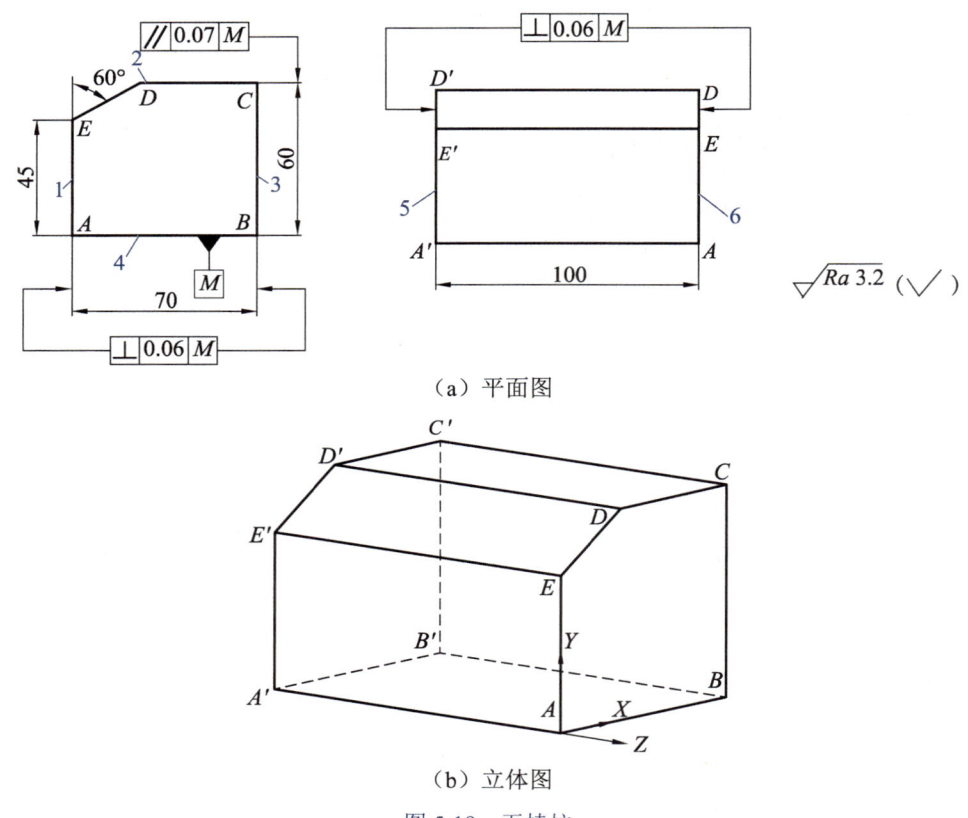

（a）平面图

（b）立体图

图 5-19　五棱柱

2．任务准备

准备所用工具，包括平口钳、铜棒、游标卡尺、千分尺、万能铣头等。

3．实施过程

铣五棱柱的操作步骤如表 5-3 所示。操作完成后，指导老师对学生的作品打分。

表 5-3 铣五棱柱的操作步骤

序号	操作步骤	工艺内容
1	铣平面 2	首先，以毛坯较平的平面 4 作为粗基准，纵向进给逆铣粗铣平面 2，使 BC 的尺寸达到 62.5 mm；然后，精铣平面 2，使 BC 的尺寸达到 62 mm，并去毛刺
2	铣平面 1 和 3	首先，将平面 2 与平口钳口贴平，夹紧工件，使平面 1 水平向上，分别粗铣、精铣平面 1，使 AB 的尺寸达到 72 mm，并去毛刺；然后，翻转工件分别粗铣、精铣平面 3，使 AB 的尺寸达到 70 mm
3	铣平面 4	将平面 3 与平口钳口贴平，夹紧工件；分别粗铣、精铣平面 4，使 BC 的尺寸达到 60 mm，并去毛刺
4	铣平面 5	将平面 2 与平口钳口贴平，用直角尺校正垂直度后夹紧工件，分别粗铣、精铣平面 5，使 AA' 的尺寸达到 102 mm，并去毛刺
5	铣平面 6	将平面 2 与平口钳口贴平，分别粗铣、精铣平面 6，使 AA' 的尺寸达到 100 mm，并去毛刺
6	铣斜面	将平面 1 与平口钳口贴平，同时使工件伸出钳口 20 mm 左右，夹紧工件，以便加工斜面；将铣床的万能铣头顺时针转 30°，铣斜面，使 AE 的尺寸为 45 mm，去毛刺
7	检验	按图片标注的尺寸和技术要求进行检验

任务三 铣沟槽

🔧 任务引入

小王擅长操作铣床，能够熟练对各种零件进行精密加工。有一天，他接到一个任务，需要在一块厚钢板上铣出一个沟槽。该沟槽为封闭槽，有一定的尺寸要求。小王先仔细了解了钢板的材质和尺寸，并确定了最佳的加工方法，随后开始认真操作铣床铣封闭槽，如图 5-20 所示。经过几个小时的努力，小王成功地铣出了符合要求的封闭槽。

图 5-20 铣封闭槽

想一想：小王采用了什么方法铣封闭槽呢？

铣床上能加工出的沟槽种类很多，如直角通槽、半通槽、封闭槽、键槽、角度槽、V形槽、T形槽和燕尾槽等。本任务主要介绍直角通槽、半通槽、封闭槽、V形槽的铣削。

一、铣直角通槽

1. 铣刀的选择

一般用三面刃铣刀在卧式铣床上铣直角通槽，如图5-21所示。铣刀的宽度通常小于或等于槽宽。对于槽宽精度要求较高的直角通槽，应选用宽度小于槽宽的三面刃铣刀。

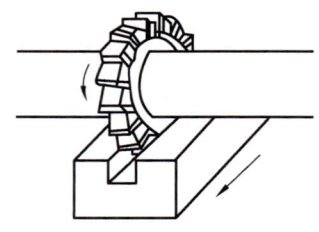

图5-21　铣直角通槽

安装铣刀时，应使用百分表校正铣刀位置，防止因铣刀跳动影响加工质量。

2. 铣直角通槽的注意事项

铣直角通槽时，应注意以下几点。

（1）用平口钳装夹工件进行铣削时，应确保钳口与铣床轴线垂直。

（2）在铣削前，当工件装夹好后，需要用划线对刀法或侧面对刀法进行对刀。

（3）铣削时，应采用扩大法分几次将槽宽铣至规定尺寸。

 知识链接

（1）划线对刀法是在工件的待加工部位划出直角通槽的轮廓线，调整铣床，使三面刃铣刀的侧面刀刃对准工件上划出的轮廓线的方法。铣刀根据轮廓线可分数次进给后铣出直角通槽。

（2）侧面对刀法是装夹好工件后，调整铣床使铣刀的侧面刀刃轻触工件侧面，然后纵向工作台垂直降落，并横向移动距离A（$A=L+C$）的方法，如图5-22所示。调整好铣刀铣削深度后可直接铣出直角通槽。

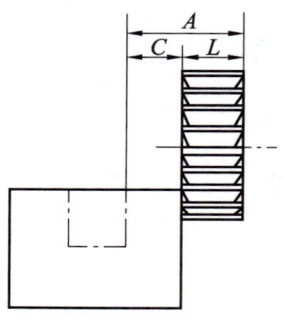

图5-22　侧面对刀法

二、铣半通槽和封闭槽

1. 铣刀的选择

一般选用立铣刀铣半通槽和封闭槽，铣刀直径应小于或等于槽宽。

2. 铣半通槽和封闭槽的注意事项

由于立铣刀的刚性较差，铣削时可能产生偏移现象，降低铣削的尺寸精度，因此，铣削时应注意以下事项。

（1）铣削较深的半通槽时，应分多次铣削直至达到要求的深度，然后再对槽两侧进行扩铣，以达到要求的尺寸。扩铣时，应避免顺铣，防止损坏铣刀或工件。

（2）铣削封闭槽时，由于立铣刀的刀刃不通过刀具中心，因此工件不能垂直进给，需要先在封闭槽加工线的一端划出直径小于槽宽的落刀孔加工线，如图5-23（a）所示；然后钻出落刀孔，如图5-23（b）所示；最后进行铣削。铣削时要分多次进给，每次进给均由落刀孔向槽的另一端进给，深度铣透后，扩铣槽宽。

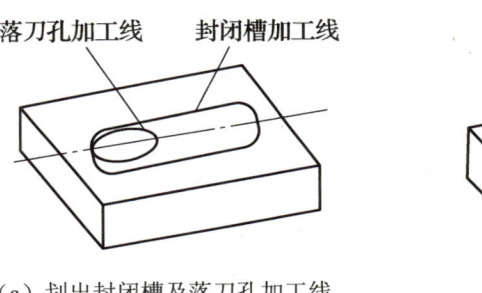

（a）划出封闭槽及落刀孔加工线　　　　　　（b）钻出落刀孔

图 5-23　铣封闭槽的过程

 知识链接

一般传动轴上都有键槽，根据结构的不同，键槽可分为封闭式键槽和敞开式键槽两种。其中，封闭式键槽一般是在立式铣床上用键槽铣刀和立铣刀铣削得到的；敞开式键槽一般是在卧式铣床上用三面刃铣刀铣削得到的。

三、铣 V 形槽

由于 V 形槽通常用于支撑轴类零件并定位，因此，该结构对槽面对称度及平行度要求较高。为保证 V 形槽的对称度和平行度，加工时应先在铣床上铣出底部的窄槽，然后铣出 V 形槽面。

1. 铣窄槽

铣窄槽时，首先应按照既定的要求划出对应的窄槽线与 V 形槽面线；然后将工件装夹在工作台上，并选择合适的锯片铣刀进行铣削，如图5-24所示。

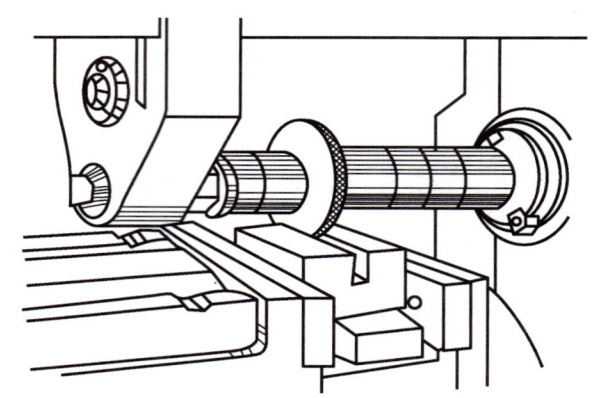

图 5-24　铣窄槽

铣窄槽前应先对刀。对刀的方法有两种，分别为切痕法和换面法。

（1）采用切痕法对刀时，首先应调整工作台，使铣刀对准窄槽线，开动铣床，切出表面切痕；然后用游标卡尺测量切痕与两边的距离是否相等，如有偏差，调整工作台后再次试铣，直至窄槽位置符合要求。

（2）采用换面法对刀时，首先应调整工作台，使铣刀对准窄槽线，开动铣床，切出表面切痕；然后将工件旋转 180°，再次切出表面切痕，观察两次切痕是否重合，如有偏差，则按偏差量的一半调整横向工作台，再次试铣，直至两次切痕重合。

2. 铣 V 形槽面

铣 V 形槽面的方法有多种，常用的是双角度铣刀铣 V 形槽面、转动立铣刀铣 V 形槽面和转动工件铣 V 形槽面三种方法，如图 5-25 所示。

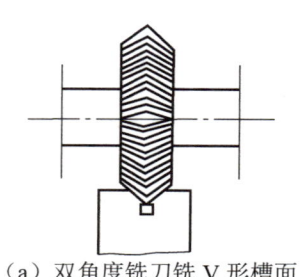
（a）双角度铣刀铣 V 形槽面

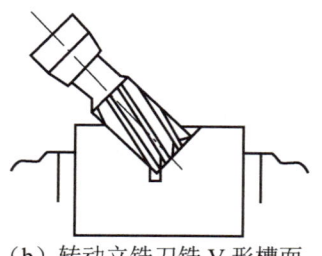
（b）转动立铣刀铣 V 形槽面

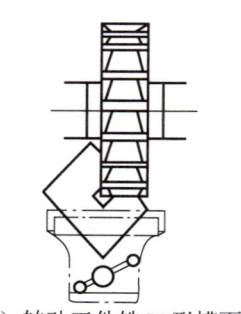
（c）转动工件铣 V 形槽面

图 5-25　铣 V 形槽面常用的三种方法

 任务实施——铣 V 形块

1. 任务描述

本任务是铣削如图 5-26 所示的 V 形块。所用材料为 HT200，尺寸为 60 mm×50 mm×40 mm。技术要求：铣削过程规范，制作的 V 形块尺寸精度和表面粗糙度满足要求。

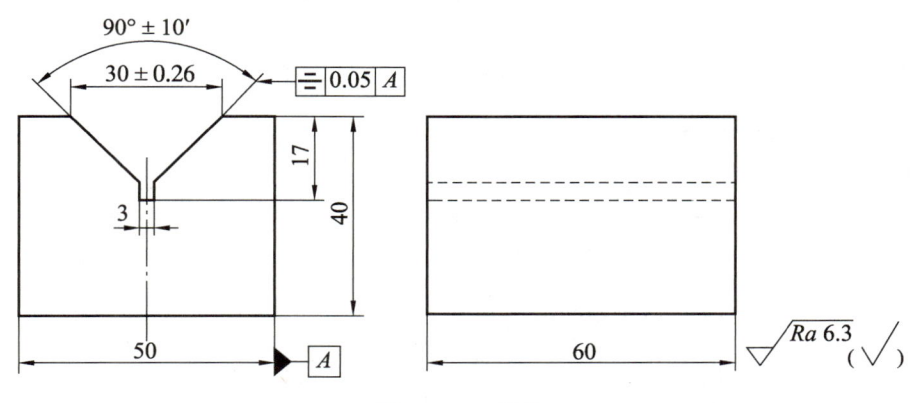

图 5-26　V 形块

2. 任务准备

准备所用工具，如平口钳、锯片铣刀、双角度铣刀、游标卡尺、千分尺、表面粗糙度样板、划针、划线平板等。

3. 实施过程

铣 V 形块的操作步骤如表 5-4 所示。

表 5-4　铣 V 形块的操作步骤

序号	操作步骤	工艺内容
1	划线	划出窄槽线和 V 形槽面线
2	装夹工件	装夹工件，并在工作台上对工件进行找正
3	铣窄槽	对刀后，调整工作台，使铣刀对准窄槽，进而铣出窄槽
4	铣 V 形槽面	分三次粗铣 V 形槽面，背吃刀量分别为 6 mm、4 mm、2.5 mm。测量对称度后，精铣 V 形槽面至规定尺寸
5	检验	按图样标注的尺寸和技术要求进行检验

项目综合实训 ——铣压板零件

1. 实训描述

熟悉了铣工的各种工艺方法之后，请同学们尝试加工如图 5-27 所示的压板零件，其材料为 45 钢。毛坯尺寸为 106 mm×50 mm×20 mm 。

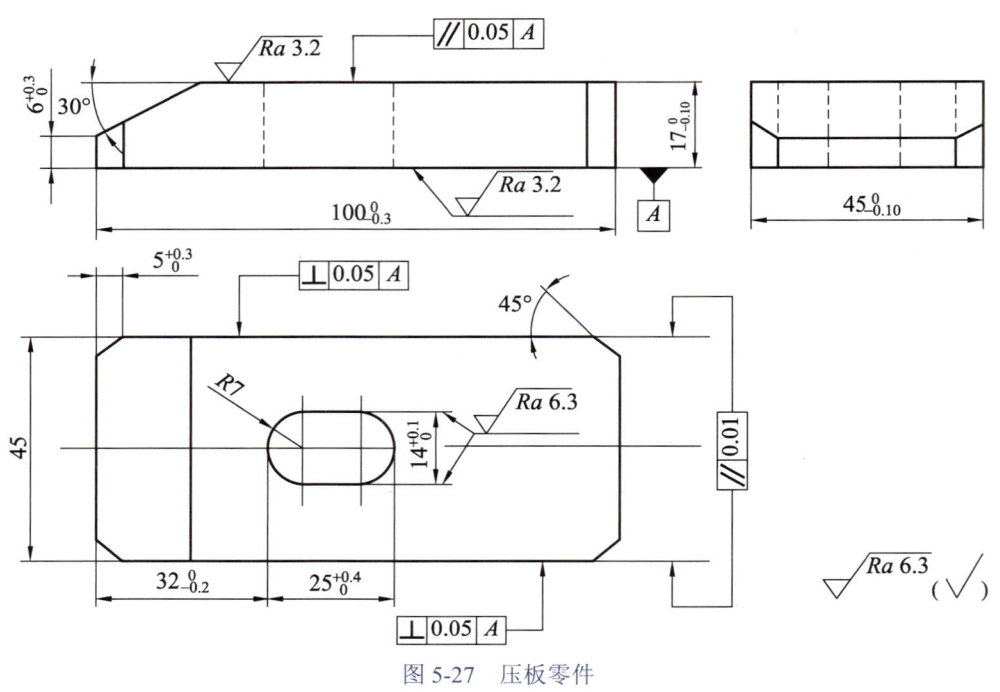

图 5-27 压板零件

2. 实训内容

1）所用工具

所用工具有划规、划针、样冲、平口钳、铜棒、游标卡尺、千分尺、万能铣刀、ϕ13 mm 钻头、ϕ14 mm 立铣刀。

2）操作步骤

铣压板零件的操作步骤如表 5-5 所示。

表 5-5 铣压板零件的操作步骤

序号	操作步骤	工艺内容
1	铣平面	分别粗铣、精铣工件的各个平面，使工件尺寸达到100 mm×45 mm×17 mm，并去毛刺
2	铣斜面	铣倾斜角为30°及45°的斜面；工件调头，铣另一端面上倾斜角为45°的斜面
3	划线	在工件上划出封闭槽及落刀孔加工线
4	装夹工件	装夹并找正工件
5	钻孔	安装 ϕ13 mm 钻头，使钻头中心对准落刀孔加工线中心，钻出落刀孔
6	铣封闭槽	首先安装 ϕ14 mm 立铣刀，其次对刀，然后横向进给，最后分多次进给铣出封闭槽
7	检验	卸下工件，检验工件尺寸精度及表面粗糙度

项目考核

1. 填空题

（1）铣工的尺寸精度可达到_____，表面粗糙度 Ra 可达到_____。

（2）铣削时，主运动是_____，进给运动是_____。

（3）铣工的切削用量主要有_____、_____、_____和_____。

（4）铣床的种类很多，根据主轴与工作台位置关系的不同，铣床可分为_____和_____。

（5）在立式铣床上铣平面时，一般选用的刀具为_____。

（6）铣床上常用的通用夹具有_____、_____、_____。

（7）铣 V 形槽时，应先在铣床上铣出_____，然后再铣出_____。

2. 选择题

（1）铣直角通槽时，一般用_____装夹工件。　　　　　　　　　　　　（　　）

    A. 平口钳　　　　　　　　　　　　　　　B. 压板

    C. 分度头　　　　　　　　　　　　　　　D. V 形铁

（2）铣 V 形槽面的方法有多种，其中不包括_____。　　　　　　　　（　　）

    A. 双角度铣刀铣 V 形槽面　　　　　　　B. 圆柱铣刀铣 V 形槽面

    C. 转动立铣刀铣 V 形槽面　　　　　　　D. 转动工件铣 V 形槽面

（3）铣削窄槽时，应先对刀，对刀的方法有两种，分别为_____和_____。（　　）

    A. 切痕法　换面法　　　　　　　　　　B. 换面法　轻触法

    C. 切痕法　轻触法　　　　　　　　　　D. 测量法　轻触法

（4）铣直角通槽时，安装铣刀后应使用_____校正铣刀位置，防止因铣刀跳动影响加工质量。

    　　　　　　　　　　　　　　　　　　　　　　　　　　　　　　　　（　　）

    A. 游标卡尺　　　　　　　　　　　　　　B. 百分表

    C. 螺旋测微仪　　　　　　　　　　　　　D. 划规

（5）为保证 V 形槽的对称度和平行度，加工时应先在铣床上铣出底部的窄槽，铣窄槽时用的铣刀

为_____。　　　　　　　　　　　　　　　　　　　　　　　　　　（　　）

    A. 锯片铣刀　　　　　　　　　　　　　　B. 端铣刀

    C. 凸半圆铣刀　　　　　　　　　　　　　D. 圆柱铣刀

3. 判断题

（1）圆柱铣刀中的直齿铣刀铣削平稳、排屑方便。　　　　　　　　　　　（　　）

（2）铣平面最常用的是三面刃铣刀。　　　　　　　　　　　　　　　　　（　　）

（3）一般用三面刃铣刀在立式铣床上铣削直角通槽。　　　　　　　　　　（　　）

（4）铣沟槽时，铣刀宽度一般小于或等于槽宽。　　　　　　　　　　　　（　　）

4．问答题

（1）铣斜面的方法有哪些？

（2）简述圆柱铣刀铣平面的步骤。

（3）简述铣工的工艺范围。

项目评价

指导教师根据学生的实际学习成果对其进行评价，学生配合指导教师共同完成学习成果评价表，如表 5-6 所示。

表 5-6　学习成果评价表

姓名：　　　　　　组号：　　　　　　指导教师：

评价项目	评价内容	满分/分	评分/分		
			自评	互评	师评
知识（30%）	认识铣工的工艺范围和切削用量	7			
	了解铣床和铣刀	7			
	掌握铣平面和斜面的方法	8			
	掌握铣沟槽的方法	8			
技能（50%）	能够安装圆柱铣刀	10			
	能够铣出五棱柱	10			
	能够铣出 V 形块	10			
	能够铣出压板零件	20			
素养（20%）	积极参加实习活动，主动学习、思考、讨论	5			
	认真负责，按时完成学习任务	5			
	团结协作，与组员之间密切配合	5			
	服从指挥，遵守实习纪律	5			
合计		100			
总评	自评（20%）＋互评（20%）＋师评（60%）＝		综合等级：		
自我评价					
指导教师评价					

项目六

数控加工

　　随着社会的发展，工业生产对机械零件的精度要求越来越高，普通加工已经不能满足需要，数控加工应运而生。数控加工的出现革命性地提高了加工效率和零件质量，为制造业带来了巨大的进步和发展。数控加工的广泛应用使得生产过程更加精细化、自动化，大大提高了工业生产的竞争力。

　　本项目将带大家共同学习数控车工和数控铣工的相关内容。

知识目标

　　✦　认识数控车工。

　　✦　认识数控铣工。

技能目标

　　✦　能够用数控车床加工短轴。

　　✦　能够用数控铣床加工不规则零件。

　　✦　能够在薄板上加工卡通图案。

素质目标

　　✦　养成刻苦钻研、拼搏奋进的工作作风。

　　✦　践行与人为善、合作共赢的团队精神。

任务一 认识数控车工

任务引入

随着科技的发展，机床设备也在更新换代。某机械制造公司为提高行业竞争力和加工效率，引进了一台数控车床，如图6-1所示。小李是该车间一名优秀的工人，他了解到数控车床可以按既定的加工程序自动进行加工，并且加工精度高，加工质量稳定，还能大大降低工人的劳动强度，便准备学习一下数控车床操作与编程的相关知识。

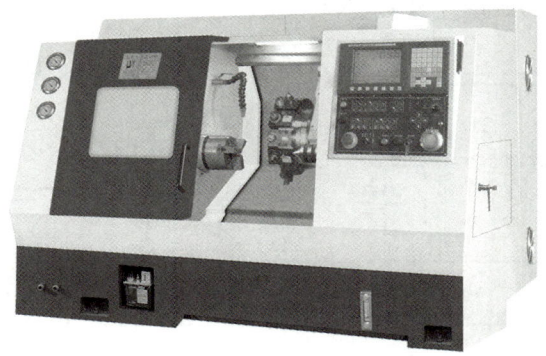

图 6-1　数控车床

想一想：数控车工常用的功能指令有哪些？

一、数控加工概述

数控加工

数控技术是一种采用数字化信息控制加工过程的技术。数控机床是采用数控技术对机械加工过程中各种控制信息进行数字化运算处理，并通过高性能的驱动单元对机械进行自动化控制的机床。数控加工是指数控机床根据功能指令自动完成零件加工的工艺过程。数控加工的主要优点如下。

（1）适应性强。在数控机床上加工不同的零件时，只需要重新编写或修改加工程序，并更换刀具即可，因此具有很强的适应性。

（2）自动化程度高。使用数控机床加工零件时，除需要手工装卸工件外，其他过程全部由数控机床自动完成，大大减轻了工人的劳动强度，改善了劳动条件。

（3）生产效率高。由于数控机床在加工过程中省略了划线、多次装夹和检测等工序，并且可以采用较大的切削力，因此数控机床的加工效率是普通机床的几倍到几十倍。

（4）机床利用率高。由于减少了生产准备时间和辅助工时，净切削时间得以加长，因此数控机床可进行连续长时间的运转，能最大限度地被利用。

（5）加工质量稳定。由于数控机床自动进行工件加工，减少了人为因素的影响，因此加工出来的工件质量较为稳定。

虽然数控机床有着许多普通机床无法企及的优点，但是由于数控机床的设备成本和加工成本高，并且对工艺和编程要求也较高，因此数控机床主要用于形状复杂零件的小批生产。

数控机床的种类很多。根据加工工艺的不同，数控机床可分为数控车床、数控铣床、数控钻床和数控磨床等。其中，应用最为广泛的是数控车床和数控铣床。因此，本项目主要介绍数控车工和数控铣工的相关内容。下面我们先从数控车床及其程序基础、数控车工的功能指令和加工步骤等方面来认识数控车工。

二、数控车床

1. 数控车床的结构

数控车床主要由车床主体和数控系统两部分组成，如图6-2所示。其中，车床主体基本保持了普通车床的布局形式，包括主轴箱、床身、导轨、尾座等部件，取消了进给箱、溜板箱、小拖板、光杠等进给运动部件，而由伺服电机和滚珠丝杠等来实现进给运动；数控系统的核心是计算机及其软件。

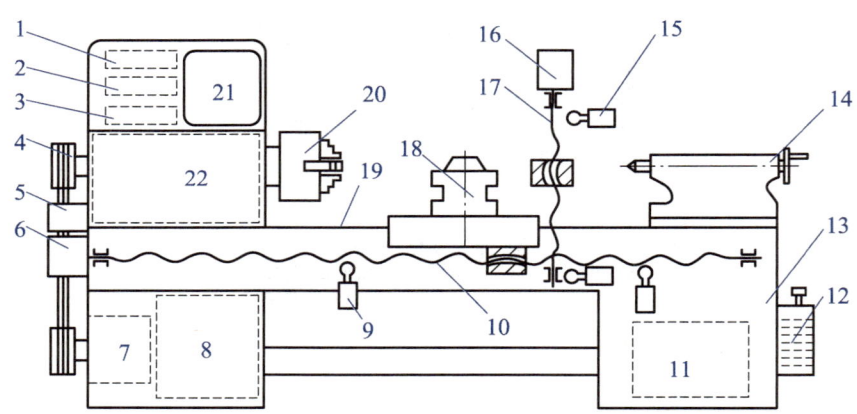

1—X轴伺服控制；2—Z轴伺服控制；3—计算机主机；4—皮带轮；5—轴编码器；6—Z轴伺服电机；
7—电动机；8—控制电源；9—限位保护开关；10、17—滚珠丝杠；11—冷却系统；12—润滑系统；
13—床身；14—尾座；15—限位保护开关；16—X轴伺服电机；18—回转刀架；
19—导轨；20—三爪卡盘；21—显示器；22—主轴箱。

图6-2 数控车床

1）车床主体

（1）床身和导轨

数控车床的床身和导轨有多种形式，床身主要有水平床身、倾斜床身和水平床身斜滑鞍等；导轨主要有滚动导轨和静压导轨等。

（2）伺服电机

伺服电机又称为执行电动机，在自动控制系统中，用作执行元件，把所收到的电信号转换成其轴上的角位移或角速度输出，并且带动滚珠丝杠将角度按照对应规格的导程转化为直线位移。

（3）滚珠丝杠

滚珠丝杠由螺杆、螺母和滚珠组成，它的功能是将旋转运动转换成直线运动。滚珠丝杠具有轴向精度高、运动平稳、传动精度高、不易磨损和使用寿命长等优点。

2）数控系统

数控系统在数控车床中起指挥作用。数控系统接收由加工程序送来的各种信息，经处理和调配后，向驱动机构发出执行命令。在执行过程中，驱动和检测等机构同时将有关信息反馈给数控系统，以便经处理后发出新的执行命令。

2．数控车床的常用夹具与工件装夹

数控车床的常用夹具与普通车床基本相同，除常用的三爪卡盘、四爪卡盘、花盘、心轴、双顶尖外，还有卡盘加顶尖、弹簧夹套等。

卡盘加顶尖常用于装夹尺寸较长的轴类工件，装夹时工件一端用卡盘夹持，另一端用顶尖支撑。为了防止工件因切削力的作用产生轴向位移，必须在卡盘内安装限位支撑或利用工件的台阶面进行定位，如图 6-3 所示。

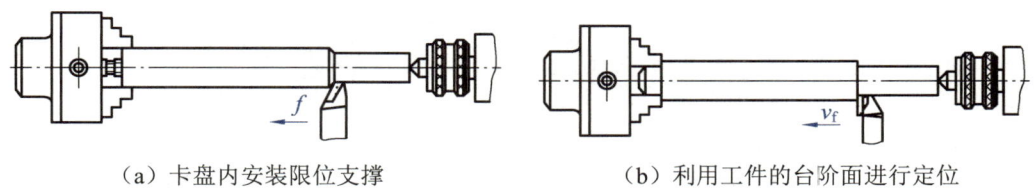

（a）卡盘内安装限位支撑　　　　　　　　　（b）利用工件的台阶面进行定位

图 6-3 卡盘加顶尖

弹簧夹套常用于定位尺寸精度较高、表面质量较好且具有外圆表面的工件，一般分为拉式弹簧夹套和推式弹簧夹套两种，如图 6-4 所示。弹簧夹套定心精度高，并且装夹工件快捷方便，但弹簧夹套上的内孔为规定的标准系列，因此只能夹持特定直径的工件。

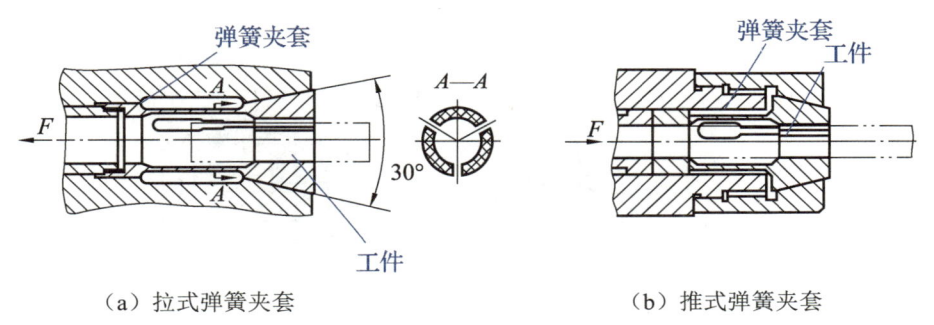

（a）拉式弹簧夹套　　　　　　　　　　　　（b）推式弹簧夹套

图 6-4 弹簧夹套

在装夹工件时，应先根据工件的形状和尺寸选择合适的夹具，再根据其材料及切削余量调整好夹具行程和夹紧力等。工件要留有一定的夹持长度，其伸出长度要考虑工件的加工长度及必要的安全距离。工件中心尽量与主轴中心线重合。若夹持部分已经完成加工，则必须在表面包一层铜皮，以防损伤工件表面。

3．数控车床的主要附件

数控车床的主要附件有回转刀架和对刀仪。

1）回转刀架

回转刀架是在数控车床上使用的一种非常简单的自动换刀装置，根据不同的加工要求，可以设计成四工位、六工位及八工位等形式，如图 6-5 所示。在回转刀架上可安装不同类型的刀具，回转刀架按功能指令换刀，换刀动作主要包括刀架抬起、刀架转位、刀架定位及夹紧刀架等。

（a）四工位回转刀架

（b）六工位回转刀架

（c）八工位回转刀架

图 6-5　回转刀架

2）对刀仪

为提高刀具的调整精度和机床的开动率，在进行数控机床工艺技术准备时，需要用对刀仪来测量数控机床所需刀具的几何尺寸。操作者根据对刀仪测出的参数可直接修改数控系统中有关的程序内容和补偿参数。

对刀仪种类很多，但其组成基本一致，主要由刀柄定位机构、测头、感应装置及测量数据处理装置等组成，如图 6-6 所示。

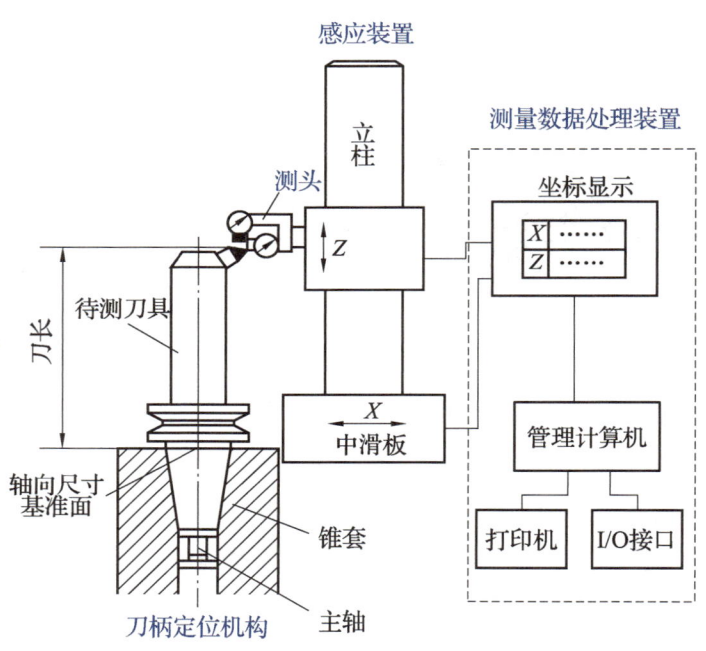

图 6-6　对刀仪的示意图

（1）刀柄定位机构。刀柄定位机构是用来对刀具进行定位的装置，其上有一个与标准刀柄相配合的锥套，对刀时先将刀具安装在标准刀柄上，再将装有刀具的刀柄插入锥套中，使刀柄与对刀仪主轴紧密贴合，并保证刀具的轴向与立柱的 Z 轴方向和 X 轴方向有很好的平行度和垂直度。刀柄定位机构的核心部件是对刀仪的主轴，该主轴的轴向尺寸基准面与车床主轴相同，并能高精度回转，以便测头准确地找出刀具上刀齿的最高点。

（2）测头和感应装置。测头有接触式和非接触式两种，接触式测头用百分表或弹簧仪直接测刀具上刀齿的最高点；非接触式测头用光学的方法，把刀具投影到屏幕上进行测量。立柱上装有高灵敏度的感应装置，当测头与刀齿接触时，立柱上的感应装置能及时且精确地将测量出来的 Z 轴方向尺寸和 X 轴方向尺寸传递给测量数据处理装置。

（3）测量数据处理装置。测量数据处理装置的作用是将刀具的测量值显示在显示屏上，并且自动打印出来，或与上一级管理计算机联网，实现自动修正和补偿。

三、数控车床的程序基础

使用数控车床加工零件时，在根据零件图进行工艺分析后，将零件的工艺设计（包括加工工艺路线、工艺参数、刀具的运动轨迹、位移量、切削用量参数及辅助功能等）按照数控车床规定的指令代码编写成程序单，把程序单的内容输入到数控车床的数控系统中，同时制订刀具方案和夹具方案，从而指挥数控车床运行，加工出合格的零件，其流程如图 6-7 所示。

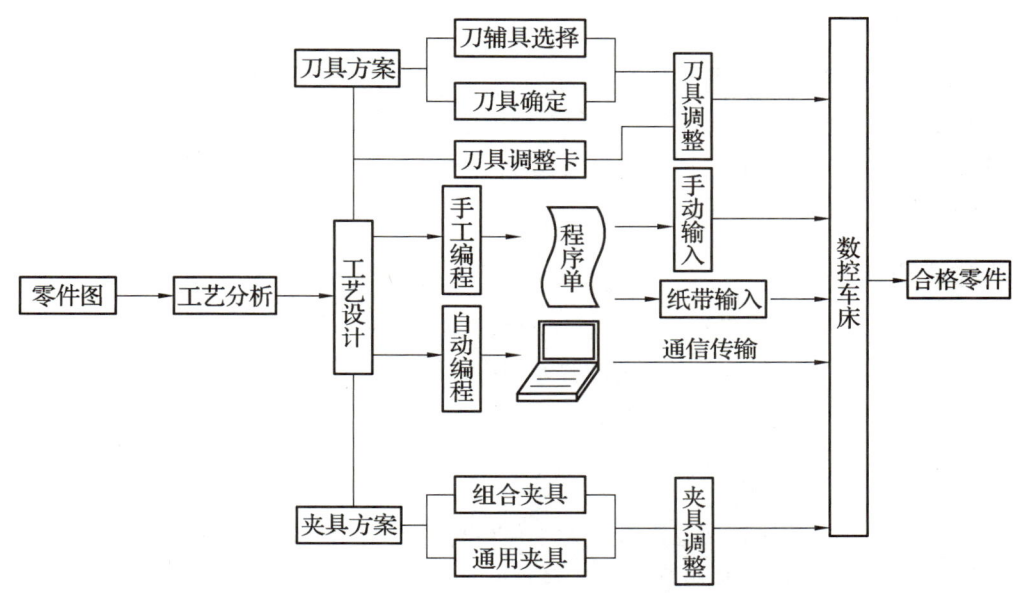

图 6-7 数控车床加工的流程图

其中，从零件图和工艺分析到生成程序单的过程称为加工程序的编制，是数控加工的核心。本书以华中数控系统为例介绍数控车床加工程序的编制，下面简要介绍一下数控车床的程序基础。

1. 程序的基本结构

程序的基本结构包括程序号、程序内容和程序结束指令三部分。程序号为程序的开始部分，作用是区分存储器中的各个程序；程序内容是整个程序的核心，由许多程序段组成，而每个程序段都由一个或多个指令构成，表示数控车床要完成的全部动作；程序结束指令用 M02 或 M30 表示，位于程序的末尾，是整个程序结束的符号。

2. 绝对坐标和相对坐标

刀具运动指令的坐标分为绝对坐标和相对坐标两种。刀具运动轨迹相对于固定的坐标原点给出的坐标称为绝对坐标，相对于前一位置给出的坐标称为相对坐标。编程时根据零件的加工精度要求及编程方便性来选用，两者可以单独使用，也可以在不同的程序段上交叉使用，还可以在同一程序段中混合使用。

3．小数点

在表示距离、速度和时间单位的指令值中常使用小数点，但其受地址限制，常位于毫米、英寸或秒的位置上。例如，指令中 X20.与 X20.0 等价，X 后数值均代表 20 mm。但是，X20 中的 20 则表示 20 个最小设定单位的值，在某些数控系统中指 0.02 mm 而非 20 mm。

4．坐标系的设定

一般来讲，数控机床有两个坐标系，分别为机床坐标系和工件坐标系。其中，机床坐标系是数控机床本身所固有的坐标系，在数控机床出厂前已调好，不能随意改变；工件坐标系是人为设置的坐标系，用来确定工件几何形状上各要素的位置关系。在数控车工中，一般将工件坐标系点设在卡盘或者工件右端面的回转中心上。

5．模态与非模态

根据有效时间长短的不同，功能指令可分为模态指令和非模态指令两种。模态指令又称续效指令，在程序段中指定后，便一直有效，只有在以后的程序段中重新指定同组的其他指令时才失效，如 G92 指令、M 功能指令、F 功能指令、T 功能指令及 S 功能指令等。而非模态指令的功能仅在本程序段有效，如 G01 指令、G02 指令及 G03 指令等。

6．刀具补偿功能

刀具补偿功能的主要作用是消除数控刀具的位置偏移和磨损而带来的误差。加工过程中，若使用多把刀具，编程时一般以其中一把刀具的刀尖位置为基准，而由于刀具磨损和刀型不同等原因，当其他刀具转到加工位置时，一般都无法与基准位置重合，因此需要调用刀具补偿功能来减小这类误差。

7．对刀

对刀的目的是将所有刀具的刀尖位置统一在工件坐标系的某个位置上，方便程序的编制。对刀是数控加工中最重要的操作内容，其准确性直接影响零件的加工精度。

四、数控车工的功能指令

常用的数控车工功能指令可分为准备功能指令、辅助功能指令、进给功能指令、刀具功能指令和主轴控制功能指令五大类。

1．准备功能指令

准备功能指令又称 G 功能指令，是用于使车床准备好某种运动方式的指令。常用的准备功能指令如表 6-1 所示。

表 6-1　常用的准备功能指令

指令	指令格式	功能
G00	G00 X_ Z_； G00 U_ W_；	快速定位指令，利用该指令可以将刀具快速移动到指定的坐标点，地址符 X 和 Z 后跟绝对坐标值，地址符 U 和 W 后跟相对坐标值
G01	G01 X_ Z_ F_； G02 U_ W_ F_；	直线插补指令，利用该指令，刀具可进行直线插补切割运动，地址符 X 和 Z 用来指定直线终点绝对坐标，地址符 U 和 W 用来指定直线终点相对坐标，地址符 F 用来指定进给速度，但是由于地址符 F 属于续效指令，因此不用一一指定

表 6-1（续）

指令	指令格式	功能
G02	G02 X_ Z_ R_ F_； G02 U_ W_ R_ F_；	顺时针圆弧插补指令，利用该指令，刀具可沿顺时针圆弧进行切削运动，地址符 X 和 Z 用来指定圆弧终点绝对坐标，地址符 U 和 W 用来指定圆弧终点相对坐标，地址符 R 用来指定圆弧半径，地址符 F 用来指定进给速度
G03	G03 X_ Z_ R_ F_； G03 U_ W_ R_ F_；	逆时针圆弧插补指令，利用该指令，刀具可沿着逆时针圆弧进行切削运动，各地址符含义与 G02 相同
G04	G04 P_；	暂停指令，可以推迟下个程序段的执行，推迟时间为指令指定的时间，P 后跟推迟时间，单位为 s
G32	G32 X_ Z_ F_； G32 U_ W_ F_；	单行程螺纹切削指令，用来加工圆柱螺纹、圆锥螺纹和平面螺纹，地址符 X 和 Z 后跟螺纹终点绝对坐标，地址符 U 和 W 后跟螺纹终点相对坐标，地址符 F 后跟以螺纹导程推算出的每转进给量
G80	G80 X_ Z_ L_ D_ F_； G80 U_ W_ L_ D_ F_；	外圆切削固定循环指令，利用该指令，可进行外圆的切削，地址符 X 和 Z 表示绝对坐标，地址符 U 和 W 表示相对坐标，地址符 L 表示循环次数，地址符 D 表示精加工余量，地址符 F 表示进给速度
G81	G81 X_ Z_ L_ D_ F_； G81 U_ W_ L_ D_ F_；	端面切削固定循环指令，用来车削端面，各指令意义与 G80 相同
G86	G86 X_ Z_ L_ D_ F_； G86 U_ W_ L_ D_ F_；	米制螺纹切削固定循环指令，用来车削米制螺纹，地址符 F 代表螺纹导程，其余地址符含义与 G80 相同
G92	G92 X_ Z_；	设定工件坐标系指令，其坐标值是相对起始点而言的，该指令应放在程序第一段

2．辅助功能指令

辅助功能指令又称 M 功能指令，是用于控制主轴启动、旋转、停止和程序结束等辅助动作的指令。辅助功能指令的格式为 M_ _；，地址符 M 后跟两位数字，表示不同的辅助功能。辅助功能指令在一个程序段中只允许一个有效。常用的辅助功能指令如表 6-2 所示。

表 6-2　常用的辅助功能指令

指令	功能
M00	程序停止指令，重新按启动键后继续执行下一程序段
M01	选择性停止指令，常用于关键尺寸的检验和临时暂停
M02	程序结束指令
M03	主轴正转指令，用于启动主轴正转
M04	主轴反转指令，用于启动主轴反转
M05	主轴停止指令
M08	切削液泵启动指令
M09	切削液泵停止指令
M30	程序结束复位指令，程序结束并返回到本次加工的开始程序段
M98	调用子程序指令，格式为 M98 P_；地址符 P 后跟七位数字，前三位代表循环次数，后四位代表子程序的程序号
M99	返回主程序指令，用于子程序结尾

3. 进给功能指令

进给功能指令又称 F 功能指令，它通过地址符 F 及其后面的数字来指定刀具的进给速度。进给功能指令的格式为 F_;地址符 F 后跟的数字，表示指定的刀具进给速度，在加工螺纹时则表示单头螺纹的螺距。

4. 刀具功能指令

刀具功能指令又称 T 功能指令，主要用来选刀和换刀，其格式为 T__;地址符 T 后跟两位数字，其中第 1 位数字代表刀具号，第 2 位数字代表刀具补偿号。若要取消刀具补偿，可将第 2 位数字指定为 0。

5. 主轴控制功能指令

主轴控制功能指令又称 S 功能指令，用于控制主轴转速，其格式为 S_;地址符 S 后跟 1～4 位数字，以指定主轴转速。

五、数控车工的加工步骤

在数控车床上车削零件一般可分为四个步骤：制订零件加工工艺、编制零件加工程序、操作数控车床加工零件、检验与清理。

1. 制订零件加工工艺

（1）分析零件图样，明确技术要求和加工内容。

（2）确定工件坐标系位置。一般情况下工件坐标原点选在卡盘或工件右端面的回转中心上，Z 轴与卡盘或工件回转面中心线重合。

（3）选择合适的刀具。根据零件的形状和精度选择相应的刀具，然后安装在回转刀架上。

（4）确定加工工艺路线。首先确定刀具的起始点和换刀点位置，然后根据零件的加工要求，在保证零件的加工精度和表面粗糙度的前提下，尽可能地找出最短的加工工艺路线。

（5）合理选择切削用量。根据加工对象和加工方法的不同，选择相应的主轴转速、进给速度和背吃刀量等。

2. 编制零件加工程序

零件的加工工艺制订完毕之后，就需要根据已确定好的刀具、加工工艺路线、切削用量等编制零件加工程序。

加工程序的编制是整个零件加工步骤中最关键的一步，加工程序直接影响零件的加工精度。下面我们通过一个实例简单介绍一下如何应用各种功能指令来编制零件的加工程序。如图 6-8 所示为简单工件的零件图，其材料为铝合金，毛坯长度为 140 mm，横截面直径为 60 mm。

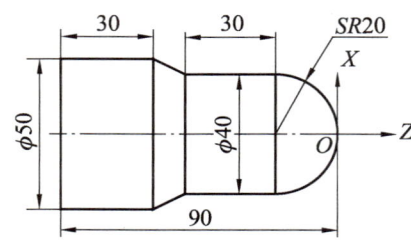

图 6-8　简单工件的零件图

加工时采用 1 号刀车端面、外圆和锥面，2 号刀车圆弧，简单工件的车削加工程序如表 6-3 所示。

表 6-3 简单工件的车削加工程序

程序段号	程序内容	程序说明
N0010	G92 X100.0 Z100.0;	利用 G92 指令设定工件坐标系，刀尖在此坐标系的位置为 (100，0，100) （在指定坐标时，X 是直径指定，即指定的 X 坐标是实际坐标的两倍）
N0020	S500;	设定主轴转速为 500 r/min
N0030	T11;	换 1 号刀，刀具补偿也为 1
N0040	M03;	调用主轴正转指令，启动主轴
N0050	G01 X60.0 Z2.0 F500;	调用直线插补指令 G01，让刀具以 500 mm/min 进给速度快速移动到点 (60，0，2) 上
N0060	G01 X50.0 Z2.0;	使车刀快速移动到指定位置
N0070	G01 X50.0 Z–90.0 F50;	车刀直线插补，车削 ϕ50 mm 的外圆
N0080	G01 X60.0 Z–90.0;	横向退刀到指定位置
N0090	G01 X60.0 Z2.0 F500;	纵向退刀
N0100	G01 X40.0 Z2.0;	使车刀快速移动到指定位置
N0110	G01 X40.0 Z–50.0 F50;	车削 ϕ40 mm 的外圆
N0120	G01 X50.0 Z–60.0;	车削锥面
N0130	G01 X60.0 Z–60.0;	横向退刀
N0140	G00 X100.0 Z100.0;	调用快速定位指令 G00，退回换刀点 (100，0，100)
N0150	T22;	换 2 号刀，刀具补偿也为 2
N0160	G01 X0 Z2.0 F500;	快速进刀到指定位置
N0170	G01 X0 Z0 F50;	进刀到指定位置
N0180	G02 X40.0 Z–20.0 R20.0;	调用顺时针圆弧插补指令切削圆弧，圆弧的终点坐标为 (40，0，–20)，半径为 20 mm
N0190	G00 X100.0 Z100.0;	退回换刀点
N0200	T10;	换回 1 号刀，取消刀具补偿
N0210	M05;	调用主轴停止指令 M05，停止主轴
N0220	M30;	程序结束

3. 操作数控车床加工零件

加工程序编制完毕之后，即可操作数控车床加工零件。各种数控车床的操作流程大致相同，主要包括以下几步。

（1）输入加工程序。加工程序可手动输入，也可通过通信传输。

（2）输入参数。主要输入刀具的基本参数，如刀长、刀径及刀型等。

（3）模拟加工。模拟加工是指为了保证加工程序的正确性，在正式加工前利用计算机软件对零件进行的仿真操作。

（4）回零操作。回零操作又称回机床原点操作，是指使刀具或工作台退回到机床坐标原点的操作过程。为了保证加工精度，在数控车床开机后，必须进行回零操作。

（5）设置工件坐标系。根据编制好的加工程序设置合适的工件坐标系。

（6）正式加工。按下启动按钮，开始加工。

4．检验与清理

零件加工完成后，退刀，关闭数控车床，取下零件。根据图纸要求，检验零件尺寸和表面粗糙度等。最后，离开数控车床前，清理工作区域的废屑等垃圾，并将工量具等放回原位。

⚙ 任务实施——加工短轴

1．任务描述

熟悉了数控车床和数控车工的相关知识之后，请同学们尝试车削如图 6-9 所示的短轴。该零件材料为铝合金，毛坯长度为 120 mm，其中留出 40 mm 以便装夹，横截面直径为 50 mm。技术要求：柱面与锥面交线清晰，圆弧连接光滑，螺纹清晰。

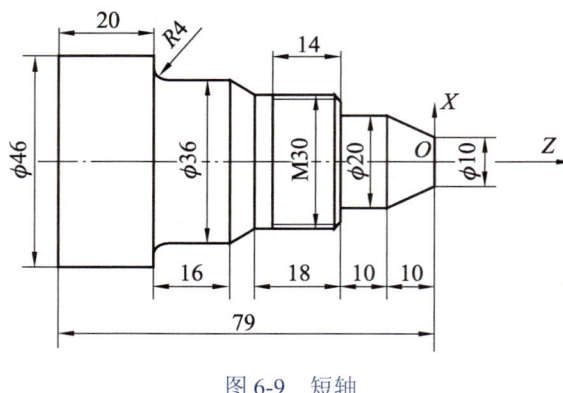

图 6-9　短轴

2．任务准备

准备所用工具和个人防护装备，如车刀、游标卡尺、游标万能角度尺、工作服、安全鞋、安全帽、护目镜等。

3．实施过程

（1）制订短轴加工工艺。分析短轴的零件图，确定短轴在坐标系中的位置，选择合适的刀具，确定短轴的加工工艺路线，选择切削用量。加工时，1 号刀车端面和外圆，2 号刀车螺纹，3 号刀车圆弧。

（2）编制短轴加工程序。短轴的车削加工程序如表 6-4 所示。

表 6-4　短轴的车削加工程序

程序段号	程序内容	说明
N0010	G92 X100.0 Z100.0;	设定工件坐标系
N0020	S500;	设定主轴转速
N0030	T11;	换 1 号刀
N0040	M03;	启动主轴正转
N0050	G01 X46.0 Z1.0 F500;	刀具快速定位到指定位置
N0060	G01 X46.0 Z-79.0 F50;	车削 $\phi46$ mm 的外圆
N0070	G01 X55.0 Z-79.0 F50;	横向退刀

表 6-4（续）

程序段号	程序内容	说明
N0080	G01 X55.0 Z1.0 F500;	纵向退刀
N0090	G01 X36.0 Z1.0;	快速进刀到指定位置
N0100	G01 X36.0 Z−55.0 F50;	车削 ϕ36 mm 的外圆
N0110	G01 X50.0 Z−55.0;	横向退刀
N0120	G01 X50.0 Z1.0 F500;	纵向退刀
N0130	G01 X30.0 Z1.0;	快速进刀到指定位置
N0140	G01 X30.0 Z−38.0 F50;	车削 ϕ30 mm 的外圆
N0150	G01 X40.0 Z−38.0;	横向退刀
N0160	G01 X40.0 Z1.0 F500;	纵向退刀
N0170	G01 X20.0 Z1.0;	快速定位
N0180	G01 X20.0 Z−20.0 F50;	车削 ϕ20 mm 外圆
N0190	G01 X29.0 Z−20.0;	刀具定位
N0200	G01 X30.0 Z−20.5;	倒角
N0210	G01 X36.0 Z−20.5;	横向退刀
N0220	G01 X30.0 Z−38.0 F500;	快速定位
N0230	G01 X36.0 Z−43.0 F50;	倒角
N0240	G01 X36.0 Z1.0 F500;	纵向退刀
N0250	G01 X10.0 Z0 F50;	刀具定位
N0260	G01 X20.0 Z−10.0 F50;	车削锥面
N0270	G00 X100.0 Z100.0;	退回换刀点
N0280	T22;	换 2 号刀
N0290	G01 X30.0 Z−18.0 F500;	快速定位
N0300	G86 U−0.48 W−16.0 L4 D0.24 F2;	调用米制螺纹切削固定循环指令进行螺纹切削，X 轴方向位移为 −0.48 mm，Z 轴方向位移为 −16 mm，循环 4 次，精加工余量 0.24 mm，螺纹导程 2 mm
N0310	G00 X100.0 Z100.0;	退回换刀点
N0320	T33;	换 3 号刀
N0330	G01 X50.0 Z−55.0 F500;	快速定位
N340	G01 X36.0 Z−55.0 F50;	刀具定位
N350	G02 X46.0 Z−59.0 R4.0;	车削半径为 4 mm 的圆弧面
N360	G00 X100.0 Z100.0;	退回换刀点
N370	T10;	换回 1 号刀，取消刀具补偿
N380	M05;	主轴停止
N390	M30;	程序结束

（3）操作数控车床加工短轴。开启数控车床后，依次进行的操作为输入加工程序→输入参数→模拟加工→回零→设置工件坐标系→正式加工→加工完毕→退刀→关闭数控车床→取下短轴。

（4）检验与清理。选择合适的工具检验短轴尺寸及表面粗糙度，并对工作区域进行清理。

任务二　认识数控铣工

任务引入

　　小张是负责操作数控铣床的技术工人，他可以使用数控铣床精确地生产出符合要求的零件。一天他接到一个任务，要求生产一个不规则多边形零件。在做好准备工作后，他开始操作数控铣床，但加工出的零件存在尺寸错误。究竟是哪里出现问题了呢？他将整个流程认真梳理了一遍，然后检查设计的工艺和编制的程序，最终将问题锁定在一个数值上，发现是一个点的坐标算错了，于是瞬间明白了症结所在。他修正之后重新开始加工，便得到了尺寸准确的多边形零件。

　　想一想：编程时，第一步应该确定什么？

一、数控铣床

　　数控铣床是目前使用较为广泛的数控机床之一，它和普通铣床的铣削加工原理是一样的，不同之处在于数控铣床的进给运动是由数控系统带动伺服系统来完成的。数控铣床比普通铣床加工精度高、加工范围大。

1. 数控铣床的结构与分类

　　数控铣床由数控系统和铣床本体两大部分组成，如图 6-10 所示。数控系统包括数控装置、伺服放大器、伺服电机等；铣床本体包括床身、工作台、主轴箱等。

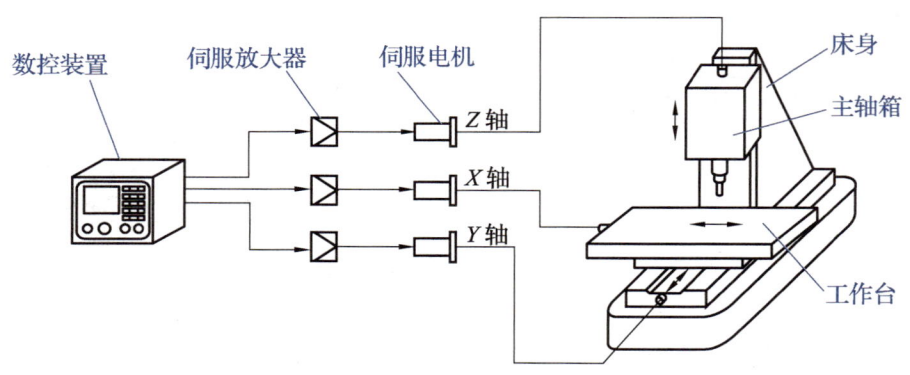

图 6-10　数控铣床

　　根据布局形式的不同，数控铣床可分为升降台式数控铣床、工作台回转式数控铣床和龙门式数控铣床等；根据主轴位置的不同，数控铣床可分为立式数控铣床和卧式数控铣床。

2. 数控铣床的夹具

　　数控铣床的夹具主要有机用虎钳、三爪卡盘和圆盘工作台。

1）机用虎钳

　　机用虎钳主要用于装夹需要进行粗加工或半精加工且尺寸较小的零件，它不仅可以直接装夹工件，还可以与弧形垫铁联用装夹工件，如图 6-11 所示。机用虎钳装夹方便快捷，但夹持范围不大。

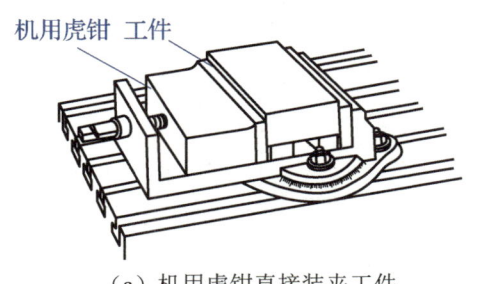
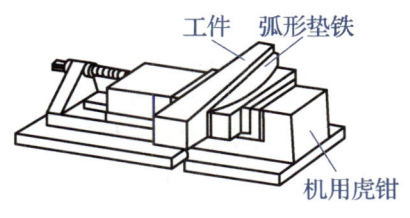

（a）机用虎钳直接装夹工件　　　　　　（b）机用虎钳与弧形垫铁联用装夹工件

图 6-11　机用虎钳装夹工件

2）三爪卡盘

三爪卡盘主要用于装夹结构尺寸不大且圆形外表面不需要加工的零件，使用三爪卡盘前应先使用压板和螺栓将其固定在铣床的工作台面上。

3）圆盘工作台

圆盘工作台主要用于装夹形状比较规则且具有内外圆弧面的零件。圆盘工作台分为手动圆盘工作台和机动圆盘工作台两种，如图 6-12 所示。圆盘工作台通过内部的蜗轮蜗杆机构来实现旋转，其中心为圆锥孔，以使工件上的圆弧与圆盘工作台同心。

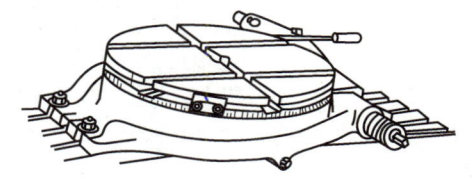

（a）手动圆盘工作台　　　　　　　　　　（b）机动圆盘工作台

图 6-12　圆盘工作台

3. 数控铣床的主要附件

数控铣床的主要附件有数控回转工作台和对刀仪。

1）数控回转工作台

数控回转工作台与普通铣床的回转工作台相似，所不同的是数控回转工作台是由伺服电机来驱动的。由于数控回转工作台在现有的三坐标联动的数控铣床工作台上增加了两个旋转自由度，因此数控铣床不仅可以加工简单的直线、斜线和圆弧，还可以加工复杂的曲面和球类零件。

2）对刀仪

数控铣床上使用的对刀仪与数控车床上使用的基本相同，但是由于铣刀属于多刃刀具，因此对刀仪除可以用来测量刀具的基本几何尺寸外，还能起到调刀的作用。

二、数控铣工的功能指令

常用的数控铣工功能指令有准备功能指令、辅助功能指令、进给功能指令、刀具功能指令和主轴控制功能指令。

1. 准备功能指令

准备功能指令又称 G 功能指令，该指令与数控车床大致相同。但由于数控铣床是多轴联动的复杂加工机床，因此某些准备功能指令和数控车床有所不同。

（1）在直线插补指令中允许有 X 轴、Y 轴、Z 轴三个方向的坐标值出现，其格式为 G01 X_ Y_ Z_ F_;。

（2）数控系统具有孔加工等专用指令。

（3）在数控铣床加工中，某些特有的功能指令（G53～G59）具有零点偏置功能，调用这些指令可方便地在工件坐标系和机床坐标系之间进行转换。

常用的准备功能指令如表 6-5 所示。

表 6-5　常用的准备功能指令

指令	功能	指令	功能
G00	刀具快速定位	G53	机械坐标系选择
G01	直线插补	G54	工件坐标系 1 选择
G02	顺时针圆弧插补	G55	工件坐标系 2 选择
G03	逆时针圆弧插补	G56	工件坐标系 3 选择
G04	暂停延时	G57	工件坐标系 4 选择
G09	准确停止	G58	工件坐标系 5 选择
G10	数据设定	G59	工件坐标系 6 选择
G17	选择 XY 平面插补	G60	单方向定位
G18	选择 XZ 平面插补	G61	准确停止状态
G19	选择 YZ 平面插补	G62	自动转角速率
G20	英制输入	G65	宏调用
G21	米制输入	G68	坐标旋转
G27	回归参考点检查	G73	深孔钻削固定循环
G28	回归参考点	G75	精镗固定循环
G29	由参考点回归	G80	固定循环取消
G40	刀具补偿取消	G81	钻削固定循环，钻中心孔
G41	刀具左补偿	G83	深孔钻削固定循环
G42	刀具右补偿	G84	攻螺纹固定循环
G43	增大刀具补偿长度	G90	绝对方式指定
G44	减小刀具补偿长度	G91	增量方式指定
G50.1	程序镜像指令取消	G92	工件坐标系设定
G51.1	程序镜像	G98	返回固定循环初始点
G52	局部坐标系设定	G99	返回固定循环 R 点

2. 辅助功能指令

数控铣工的辅助功能指令与数控车工大致相同，除表 6-2 中介绍的指令外，还包括几个其他指令，如表 6-6 所示。

表 6-6 辅助功能指令

指令	功能	指令	功能
M21	X 轴镜像	M23	镜像取消
M22	Y 轴镜像		

3. 进给功能指令

数控铣工的进给功能指令与数控车工相同。但数控铣工实际的进给速度除了受进给功能指令的控制外，还受操作面板上进给速度修调倍率的影响。

4. 刀具功能指令

数控铣工的刀具功能指令又称 T 功能指令，用于控制选刀，由于刀具补偿参数存放在 D 地址中，因此其格式为 T_D_，D 取值为 1～9。对于无换刀功能的数控铣床，换刀一般手工完成，在程序中要指定相应的刀具补偿号。

5. 主轴控制功能指令

主轴控制功能指令与数控车工相同。但对于人工操纵主轴进行变速的铣床，主轴控制功能指令仅用于保证程序的完整性，不控制主轴转速。

小提示

数控铣工与数控车工的加工步骤大致相同，在此不再赘述。

任务实施——加工不规则零件

1. 任务描述

熟悉了数控铣床和数控铣工的相关知识之后，请同学们尝试将一块材料为 45 钢、尺寸为 120 mm×90 mm×15 mm 的长方体毛坯，铣削成如图 6-13 所示的不规则零件。技术要求：数控铣工的加工步骤正确，加工程序合理，零件尺寸准确。

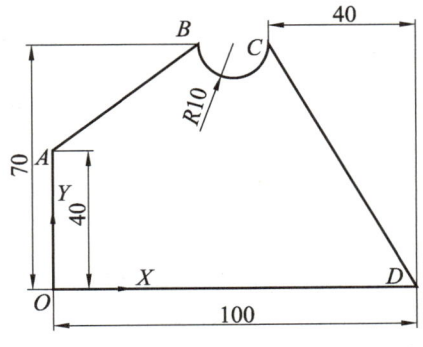

图 6-13 不规则零件

2. 任务要求

准备所用工具和个人防护装备，如铣刀、游标卡尺、游标万能角度尺、工作服、安全鞋、安全帽、护目镜等。

3. 实施过程

（1）制订不规则零件加工工艺。分析零件图，确定不规则零件的坐标位置，选择合适的刀具，确定不规则零件的加工工艺路线，选择切削用量。本任务选用 $\phi 8$ mm 的平底立铣刀。

（2）编制不规则零件加工程序。编程时，工件坐标原点和起刀点都定在不规则零件左下方的 O 点，通过计算，各点的坐标分别为 $A(0,40)$、$B(40,70)$、$C(60,70)$、$D(100,0)$。不规则零件的加工程序如表 6-7 所示。

表 6-7 不规则零件的加工程序

程序段号	程序内容	说明
N0010	G92 X30.0 Y40.0 Z30.0;	设定工件坐标系，刀尖位于 (30，40，30)
N0020	S600 M03;	主轴正转，转速为 600 r/min
N0030	G00 X0 Y0 Z40.0;	将刀具快速移至 (0，0，40)，即 O 点正上方 40 mm 处
N0040	G41;	进行刀具左补偿
N0050	G01 Z5.0;	刀具快速靠近工件表面
N0060	G01 Z−15.0 F15;	切削深度为 15 mm，进给速度为 15 mm/min
N0070	G01 X0 Y40.0;	直线铣削至 A 点，指定终点坐标为 (0，40)
N0080	G01 X40.0 Y70.0;	铣削至 B 点
N0090	G03 X60.0 Y70.0 R10.0;	逆时针铣削半径 R 为 10 mm 的圆弧至 C 点
N0100	G01 X100.0 Y0;	直线铣削至 D 点
N0110	G00;	抬起刀具
N0120	G40 Z40.0;	取消刀具补偿，即刀具在 D 点正上方 40 mm 处
N0130	M05;	主轴停止
N0140	M30;	程序结束

（3）操作数控铣床加工零件。开启数控铣床，依次进行的操作为输入加工程序→输入参数→模拟加工→回零→设置工件坐标系→正式加工→加工完毕→退刀→关闭数控铣床→取下零件。

（4）检验与清理。用游标卡尺检验不规则零件的尺寸，并对工作区域进行清理。

 工匠精神

数控铣工"亮剑"

在"大国工匠年度人物"发布仪式上，当介绍到技师刘湘宾时，画面播出的是 2019 年国庆阅兵时火箭军方队出场的场面。刘湘宾再次忍不住泪流满面。"火箭军方队中导航核心部件 50% 以上是我们配套的。磨'剑'多年，终于亮出，我眼泪止不住地流，那是最激动的一刻。"刘湘宾说。数控铣工几十载，往事历历在目。

1."亮剑"精神

当初刘湘宾从部队转业分配到工厂当数控铣工。"刚来，什么是铣刀、钻头都不知道，但我遇到一个好师傅。每天，挎包里装着技校 13 门课用的书，白天实践，晚上学到两三点，不懂的地方第二天向师傅请教，半年学完了技校两年的课。"一年后，刘湘宾已有出色表现；六七年后，成了车间"挑大梁"的骨干；又过了几年，当上了组长，在数铣圈小有名气。

干起活来，刘湘宾有股狠劲。一次，接到一个紧急任务，刘湘宾带领团队吃住在车间，半个月没回家，为了节省时间，睡觉不脱衣服。最终需要两个月完成的任务，刘湘宾团队只用 22 天就圆满完成了。"我们是航天人，要的是冲锋在前、敢于担责的'亮剑'精神。"刘湘宾说。中国质量工匠、全国技术能手、航天技术能手、陕西省劳模、三秦工匠……近年来，荣誉纷至沓来，刘湘宾已是两鬓霜雪。

2.技能报国

刘湘宾所在的精密加工数控组承担着国家防务装备惯性导航系统关键件、重要件的精密、超精密车铣加工任务。在刘湘宾转入石英半球谐振子研究时，有人提醒他："石英玻璃易崩易裂，零件加工精度要求高，是国际难题。"刘湘宾没有退缩，他查资料、访同行、绘图、建模……那一阵，他通宵加班的次数很多，一度熬得视线模糊。他说："实验做了无数次，每天面对失败，不止一次想放弃，但最后还是把自己逼回去了。"

终于，在次年 2 月，刘湘宾远超预定要求，成功攻关，打通了该项研究的瓶颈，为我国航空、船舶、新型防务装备、卫星研制提供了技术保障，使我国成为惯导领域超精密加工的"领跑者"。

多年来，刘湘宾带领团队，自制特种工装夹具及刀具 100 余种，这些工具均成本低、加工质量高。他们成功将陶瓷类产品的加工合格率提到 95.5% 以上，加工效率提升 3 倍以上。此外，由他们加工的陀螺零件组装的惯性导航产品 50 余次参加国家重点防务装备、载人航天、探月工程等大型试验任务，均获成功。

3.工匠情怀

"这是我徒弟雷方，陕西省技术能手，我的技术都教给他了。我徒弟苏长发，拿过航天贡献奖。这是徒弟的徒弟蒲伟东，陕西国防技术能手。"走在车间，刘湘宾自豪地介绍着。

对外，刘湘宾参与陕西军工劳模服务团，跨行业师带徒多人，并作为客座教授多次外出授课。工作几十年，他已记不清带过多少徒弟，很多人已晋升为技师、高级技师，成为一同奋战、完成无数急难任务的"战友"。

"虽然快退休了，但我还有很多目标和想法。我会继续干下去，为自己热爱的事业、为航天梦再尽一份力。"刘湘宾说。

（资料来源：毛浓曦，《数控铣工"亮剑"——记陕西航天时代导航设备有限公司首席技师刘湘宾》，工人日报，2022 年 3 月 15 日）

项目综合实训——加工卡通图案工件

1. 项目描述

熟悉了数控加工的相关知识后，请同学们尝试铣削如图 6-14 所示的卡通图案工件。加工内容：在半径为 78 mm 的圆形薄板上铣削卡通图案工件，且深度 $Z = 2$ mm。技术要求：图案明显，尺寸准确。

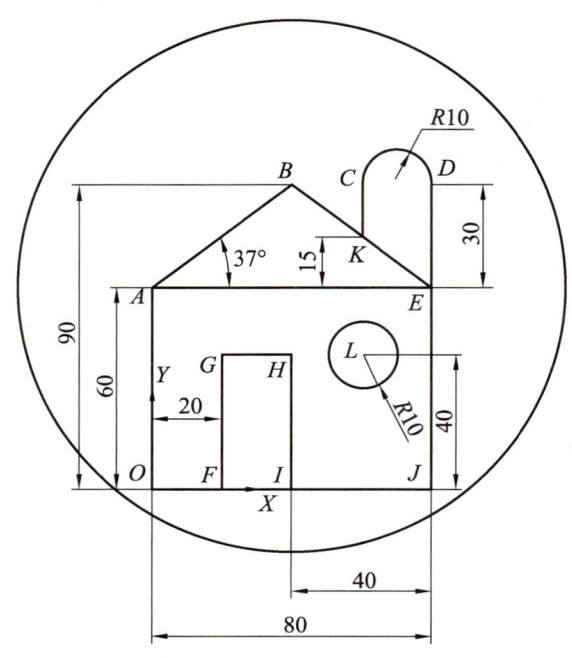

图 6-14　卡通图案工件

2. 实训内容

1）分析图样

认真分析图样，明确技术要求和加工内容。

2）确定工件坐标系

在数控铣床上加工工件时，将坐标原点定位于工件上特征明显的位置，此处将 O 点定为坐标原点和起刀点，水平方向为 X 轴，垂直方向为 Y 轴，根据图上标注的尺寸，通过计算，得出各点的坐标分别为 $A(0, 60)$、$B(40, 90)$、$C(60, 90)$、$D(80, 90)$、$E(80, 60)$、$F(20, 0)$、$G(20, 40)$、$H(40, 40)$、$I(40, 0)$、$J(80, 0)$、$K(60, 75)$、$L(60, 40)$。

3）确定加工工艺路线

首先选择切削刀具，用 $\phi 8$ mm 的平底立铣刀进行加工；然后确定加工工艺路线，加工工艺路线为 $O \rightarrow A \rightarrow B \rightarrow E \rightarrow J \rightarrow O$，$F \rightarrow G \rightarrow H \rightarrow I$，$E \rightarrow D \rightarrow C \rightarrow K$，以 L 点为圆心、半径为 10 mm 的圆。

4）编制加工程序

根据编程规范编制加工程序，该加工程序如表 6-8 所示。

表 6-8 加工程序

程序段号	程序内容	说明
N0010	G92 X–25.0 Y–30.0 Z40.0;	确定工件坐标系，并将刀具移至工件上方距工件 40 mm 处的安全高度
N0020	S600 M03;	主轴正转，转速为 600 r/min
N0030	G00 X0 Y0 Z40.0;	刀具快速移动到 O 点上方
N0040	G41;	进行刀具左补偿
N0050	G01 Z10.0;	刀具快速靠近工件
N0060	G01 Z–2.0 F15;	刀具以进给速度 15 mm/min 切入 O 点，深度为 2 mm
N0070	G01 X0 Y60.0;	铣削至 A 点
N0080	G01 X40.0 Y90.0;	铣削至 B 点
N0090	G01 X80.0 Y60.0;	铣削至 E 点
N0100	G01 X80.0 Y0;	铣削至 J 点
N0110	G01 X0 Y0;	回到 O 点
N0120	G01 Z40.0 F200;	刀具抬起（至距工件上表面 40 mm 处）
N0130	G01 X20.0 Y0;	刀具快速移动到 F 点上方
N0140	G01 Z10.0;	刀具快速靠近工件
N0150	G01 Z–2.0 F15;	刀具以进给速度 15 mm/min 切入 F 点
N0160	G01 X20.0 Y40.0;	铣削至 G 点
N0170	G01 X40.0 Y40.0;	铣削至 H 点
N0180	G01 X40.0 Y0;	铣削至 I 点
N0190	G01 Z40.0 F200;	刀具抬起（至距工件上表面 40 mm 处）
N0200	G01 X80.0 Y60.0;	刀具移动到 E 点上方
N0210	G01 Z10.0;	刀具快速靠近工件
N0220	G01 Z–2.0 F15;	刀具以进给速度 15 mm/min 切入 E 点
N0230	G01 X80.0 Z90.0;	铣削至 D 点
N0240	G03 X60.0 Y90.0 R10;	铣削半径为 10 mm 的圆弧至 C 点
N0250	G01 X60.0 Y75.0;	铣削至 K 点
N0260	G01 Z40.0 F200;	刀具抬起（至距工件上表面 40 mm 处）
N0270	G01 X60.0 Y30.0;	刀具移动到圆的起始点上方
N0280	G01 Z10.0;	刀具快速靠近工件
N0290	G01 Z–2.0 F15;	刀具以进给速度切入指定坐标
N0300	G02 X60.0 Y30.0 R10.0;	铣削半径为 10 mm 的圆
N0310	G00 G40 Z40.0;	抬起刀具，取消刀具补偿
N0320	M05;	主轴停止
N0330	M30;	程序结束

5）操作数控铣床加工卡通图案工件

操作数控铣床加工卡通图案工件的步骤依次为输入加工程序→输入参数→模拟加工→回零→设置工件坐标系→正式加工。

6）检验与清理

用游标卡尺检验卡通图案工件的尺寸，并对工作区域进行清理。

项目考核

1．填空题

（1）数控车床主要由_____和_____两部分组成。

（2）数控车床的常用附件有_____和_____。

（3）程序的基本结构包括_____、_____和_____三部分。

（4）数控机床有两个坐标系，分别为_____和_____。

2．选择题

（1）数控车工的加工步骤不包括_____。 （   ）

    A．制订零件加工工艺   B．选择毛坯材料

    C．编制零件加工程序   D．操作数控车床加工零件

（2）数控铣工中，用于控制主轴转速的指令为_____。 （   ）

    A．T 功能指令   B．S 功能指令   C．F 功能指令   D．G 功能指令

（3）数控铣工的准备功能指令中 G03 表示_____。 （   ）

    A．逆时针圆弧插补   B．顺时针圆弧插补

    C．暂停延时   D．准确停止

（4）以下数控车床的功能指令中，属于非模态指令的是_____。 （   ）

    A．G92 指令   B．T 功能指令   C．S 功能指令   D．G01 指令

（5）数控车床的回转刀架的设计形式不包括_____。 （   ）

    A．四工位   B．六工位   C．八工位   D．五工位

3．判断题

（1）数控机床的机床坐标系可以人为设定。 （   ）

（2）对刀的目的是将所有刀具的刀尖位置统一在机床坐标系的某个位置。 （   ）

（3）根据布局形式的不同，数控铣床可分为立式数控铣床和卧式数控铣床；根据主轴位置的不同，数控铣床可分为升降台式数控铣床、工作台回转式数控铣床和龙门式数控铣床。 （   ）

（4）数控车床与数控铣床的 G 功能指令的程序完全相同。 （   ）

（5）数控铣床进给功能指令用于控制刀具相对于工件的进给速度。 （   ）

4．问答题

（1）简述数控机床的优点。

（2）简述数控车工和数控铣工常用的功能指令。

项目评价

指导教师根据学生的实际学习成果对其进行评价，学生配合指导教师共同完成学习成果评价表，如表 6-9 所示。

表 6-9　学习成果评价表

姓名：　　　　　　　　组号：　　　　　　　　指导教师：

评价项目	评价内容	满分/分	评分/分		
			自评	互评	师评
知识 （30%）	熟悉数控车床的相关知识	5			
	熟悉数控车床的程序基础	5			
	掌握常用的数控车工功能指令	5			
	熟悉数控铣床的相关知识	5			
	掌握常用的数控铣工功能指令	5			
	掌握数控车工和数控铣工的加工步骤	5			
技能 （50%）	能够用数控车床加工短轴	15			
	能够用数控铣床加工不规则零件	15			
	能够用数控铣床加工卡通图案工件	20			
素养 （20%）	积极参加实习活动，主动学习、思考、讨论	5			
	认真负责，按时完成学习任务	5			
	团结协作，与组员之间密切配合	5			
	服从指挥，遵守实习纪律	5			
合计		100			
总评	自评（20%）＋互评（20%）＋师评（60%）＝		综合等级：		
自我评价					
指导教师 评价					

项目七

电火花线切割加工与激光加工

项目导读

随着材料科学和新技术的发展，各种新材料、新结构及形状复杂的精密机械零件大量涌现。采用传统的加工方法来加工这些精密机械零件十分困难，甚至无法加工。于是，人们开始冲破传统加工方法的束缚，寻求新的加工方法，一些本质上区别于传统加工的特种加工便应运而生了。特种加工是指直接利用电能、声能、光能和电化学等加工工件的方法的总称。

在特种加工中，电火花线切割加工和激光加工的应用较为常见。其中，电火花线切割加工是利用电能进行高精度和高自动化加工的方法；激光加工是利用光能进行加工的，其工作所用的激光被称为"最快的刀""最准的尺""最亮的光"，因此激光加工具有精度高、质量好、加工速度快等优点。电火花线切割加工与激光加工已广泛应用于汽车、电子、航空、冶金、医疗、机械制造等领域。

本项目将带大家了解电火花线切割加工与激光加工的相关内容。

知识目标

✦ 了解电火花线切割加工的基础知识，熟悉电火花线切割加工的操作步骤。

✦ 了解激光加工的基础知识，熟悉激光加工的操作步骤。

技能目标

✦ 能够编制样板零件电火花线切割加工的程序。

✦ 能够激光加工十字图案。

✦ 能够加工五角星图案。

素质目标

✦ 发扬艰苦奋斗、拼搏进取的精神。

✦ 养成谦虚谨慎、追求卓越的工作作风。

任务一　认识电火花线切割加工

任务引入

小蔡在整理东西时，发现一个带有微孔和窄缝的垫片，如图 7-1 所示。通过查阅资料，他了解到普通的机械加工工艺无法加工这种垫片，它是由电火花线切割机床利用金属丝加工出来的。电火花线切割加工工艺不仅具有精度高、自动化强等特点，而且可加工的材料范围十分广泛，包括金属、陶瓷、半导体等。

图 7-1　垫片

想一想：电火花线切割加工是怎么实现切割加工的？

一、电火花线切割加工概述

电火花线切割加工是在电火花加工基础上发展起来的。它将移动的金属丝作为工具电极，加工时按照预定的轨迹对工件进行火花放电，从而实现对工件的切割加工。电火花线切割加工的零件精度较高，尺寸精度可达到 0.01～0.02 mm，表面粗糙度 Ra 可达到 1.6 μm 或更小。电火花线切割加工主要应用于模具型孔、型面、窄缝的加工。

电火花线切割加工

 知识链接

> 电火花加工是一种直接利用电能加工工件的方法。加工时，工件与所用的工具为极性不同的电极对，在电极对之间施加一定的脉冲电压，当工具电极向工件电极进给至某一距离时，两电极之间的介质被击穿，局部产生火花放电，放电产生的瞬时高温将工件表面熔化甚至汽化，使工件表面形成电腐蚀的坑穴。此时，控制工具电极的进给过程，可准确地加工出所需的工件形状。

根据金属丝运动方式的不同，电火花线切割加工可分为往复走丝线切割加工和单向走丝线切割加工。在往复走丝线切割加工中，金属丝做高速往复运动，走丝速度通常为 8～10 m/s。在单向走丝线切割加工中，金属丝做低速单向运动，走丝速度通常在 0.2 m/s 以下。能够实现这两种电火花线切割加工的机床分别为往复走丝机床和单向走丝机床。

1. 电火花线切割加工的原理

现以往复走丝线切割加工为例，介绍电火花线切割加工的原理。如图 7-2 所示，加工时，脉冲电源一极接工件，另一极接金属丝。金属丝穿过工件上预先加工出的小孔（穿丝孔），经导轮由贮丝筒带动做正、反向往复交替移动。金属丝与工件之间浇注有工作液，并始终保持 0.01 mm 左右的放电间隙。工作台带动工件在水平面的 X 向和 Y 向两个坐标方向各自按程序做进给运动，进而合成各种加工轨迹，实现工件切割。

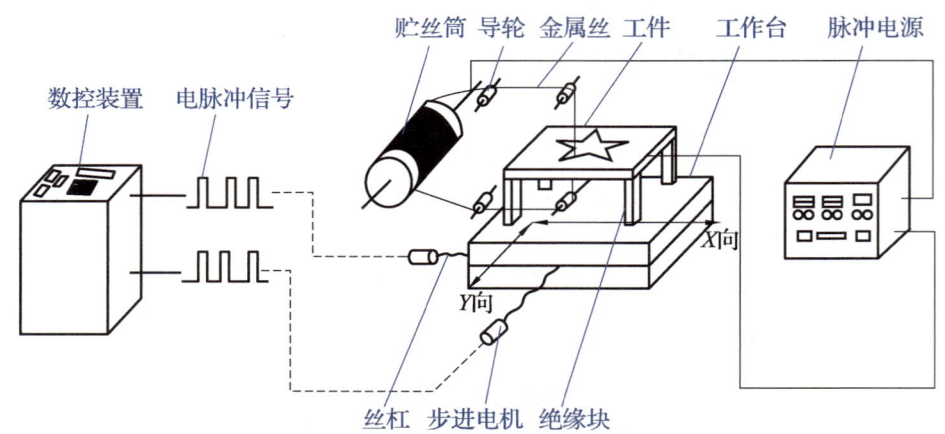

图 7-2　电火花线切割加工的原理示意图

2. 电火花线切割加工的编程基础

电火花线切割加工的程序格式有 ISO、EIA、3B、4B 等，其中 3B、4B 在我国使用较多，下面主要以 3B 程序格式为例，介绍电火花线切割加工的编程知识。3B 程序格式为

BXBYBJGZ

其中，B 为分隔数据的间隔符；X 和 Y 为坐标值；J 为计数长度；G 为计数方向；Z 为加工指令。

B 在程序中起到将 X、Y、J 的数值分隔开的作用。当程序输入控制装置时，读入第一个 B 后，控制装置自动将其后数据设为 X 的坐标值；读入第二个 B 后，控制装置自动将其后数据设为 Y 的坐标值；读入第三个 B 后，控制装置自动将其后数据设为计数长度 J 的值。若 B 后数字为 0，则 0 可以不写。

在用电火花线切割方法加工零件前，应先根据零件的形状编程，任何零件的形状都可以分解为直线和圆弧这两种基础段；然后依次对各基础段进行编程，即编写各基础段的坐标值、计数方向 G、计数长度 J、加工指令 Z。

1）坐标系与坐标值

编程时，采用直角坐标系，原点随程序段的不同而变化。加工直线时，坐标原点为直线起点；加工圆弧时，坐标原点为圆弧圆心。坐标值正负号均不写。

2）计数方向 G

计数方向 G 的选取，加工直线时取其终点靠近的坐标轴，加工圆弧时取其终点不靠近的坐标轴，如图 7-3 所示。

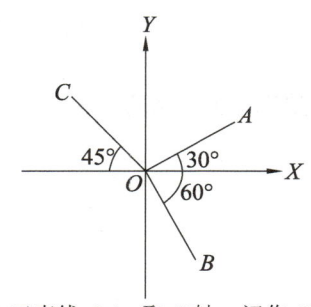
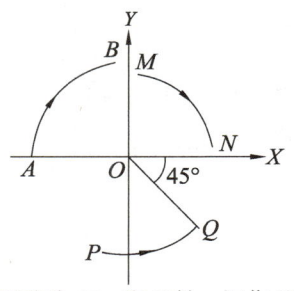

加工直线 OA，取 X 轴，记作 GX
加工直线 OB，取 Y 轴，记作 GY
加工直线 OC，取 X 或 Y 轴，记作 GX 或 GY

（a）加工直线时

加工圆弧 AB，取 X 轴，记作 GX
加工圆弧 MN，取 Y 轴，记作 GY
加工圆弧 PQ，取 X 或 Y 轴，记作 GX 或 GY

（b）加工圆弧时

图 7-3　计数方向 G 的选取

3）计数长度 J

计数长度 J 为被加工直线或圆弧在计数方向的坐标轴上投影的绝对值总和，单位为 μm，不超过六位数。计数长度 J 的计算方法如图 7-4 所示。

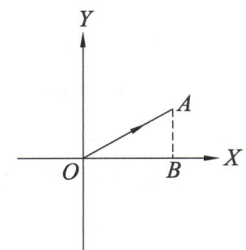
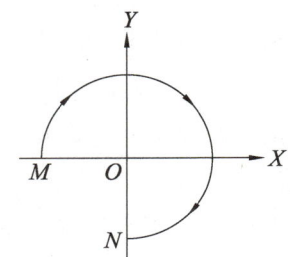

加工直线 OA 时，计数方向的坐标轴
为 X 轴，所以计数长度为 OB

（a）加工直线时

加工圆弧 MN 时，计数方向的坐标轴为
X 轴，所以计数长度为 3 倍的 OM

（b）加工圆弧时

图 7-4　计数长度 J 的计算方法

4）加工指令 Z

加工指令 Z 分为直线 L 和圆弧 R 两大类，用来指明加工直线或圆弧的类型。例如，走向在第一象限时，直线记作 L1，逆圆记作 NR1，顺圆记作 SR1，如图 7-5 所示。此外，加工与坐标轴重合的直线时，沿 X 轴正向的直线记作 L1，沿 Y 轴正向的直线记作 L2，沿 X 轴负向的直线记作 L3，沿 Y 轴负向的直线记作 L4。加工圆弧时，起点在 X 轴正向的逆时针圆弧记作 NR1，顺时针圆弧记作 SR4；起点在 Y 轴正向的逆时针圆弧记作 NR2，顺时针圆弧记作 SR1；起点在 X 轴负向的逆时针圆弧记作 NR3，顺时针圆弧记作 SR2；起点在 Y 轴负向的逆时针圆弧记作 NR4，顺时针圆弧记作 SR3。

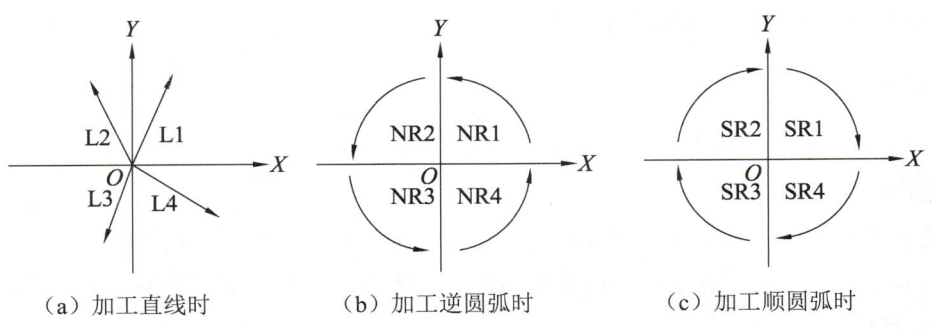

（a）加工直线时　　　（b）加工逆圆弧时　　　（c）加工顺圆弧时

图 7-5　加工指令 Z 的标记方法

3．编程举例

现以如图 7-6 所示的工件图为例，介绍根据 3B 程序格式编写加工程序的步骤。已知切割路线为 $A \to B \to C \to A$，且不考虑切入路线的程序。

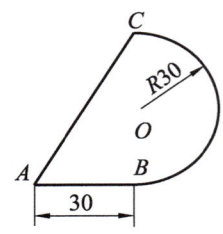

图 7-6　工件图

（1）确定各点坐标。$A(0,0)$，$B(30,0)$，$C(30,60)$。

（2）直线 $A \to B$。坐标原点为直线起点 A，终点 B 的坐标为 $(30\,000,0)$。因为 $Bx > By$（Bx、By 分别表示向量 $\overrightarrow{AB}$ 在 x 轴和 y 轴上的投影长度），所以计数方向 G 取 X 轴，记作 GX。计数长度 J 为 30 000。由于 $A \to B$ 为沿 X 轴正向的直线，因此加工指令 Z 记作 L1。故 $A \to B$ 的程序为 B30000B0B30000GXL1。

（3）圆弧 $B \to C$。坐标原点为圆弧圆心 O，则起点 B 的坐标为 $(0,-30\,000)$，终点 C 的坐标为 $(0,30\,000)$。因为 $By > Bx$，所以计数方向 G 取 X 轴，记作 GX。计数长度 J 为 60 000。由于圆弧起点在 Y 轴负向，且 $B \to C$ 为逆时针方向，因此加工指令 Z 记作 NR4。故 $B \to C$ 的程序为 B0B30000B60000GXNR4。

（4）直线 $C \to A$。坐标原点为直线起点 C，终点 A 的坐标为 $(-30\,000,-60\,000)$。因为 $By > Bx$，所以计数方向 G 取 Y 轴，记作 GY。计数长度 J 为 60 000。由于 $C \to A$ 为第三象限的直线，因此加工指令 Z 记作 L3。故 $C \to A$ 的程序为 B30000B60000B60000GYL3。

完整的工件加工程序如表 7-1 所示。

表 7-1　完整的工件加工程序

序号	B	X	B	Y	B	J	G	Z
1	B	30000	B	0	B	30000	GX	L1
2	B	0	B	30000	B	60000	GX	NR4
3	B	30000	B	60000	B	60000	GY	L3

二、电火花线切割加工的操作步骤

下面以往复走丝线切割加工为例介绍电火花线切割加工的操作步骤。

1．操作前的准备

操作前要进行以下准备工作。

（1）将工作台移至中间位置。

（2）摇动贮丝筒，确保金属丝能灵活移动；检验工作台能否灵活地往复运动。

（3）开启总电源，启动步进电机，检验其运转是否正常，检查换向时脉冲电源是否自行切断，检查限位开关能否使步进电机停止工作。

（4）输入信号，工作台应随之移动，检查移动动作与输入信号是否一致。

2．工件装夹

清理夹具工作面及工件基准面，将夹具置于工作台上的适当位置并紧固，然后将工件装夹在夹具上，找正并夹紧。

3．上丝与穿丝

上丝是指将金属丝从丝盘绕到电火花线切割机床的贮丝筒的过程。上丝时，应按照机床说明书中的上丝方法进行操作。若工件有穿丝孔，则可以从贮丝筒取下金属丝端头，通过上导轮穿过工件穿丝孔，再经下导轮引向贮丝筒；若工件无穿丝孔，则可以从工件外表面切入，不需要进行穿丝操作。

4．编制程序

编制程序时，应根据待加工图形确定加工路线和各点坐标，可以手动编制加工程序，也可以根据机床说明书自动生成加工程序。

5．加工与清理

启动机床开始加工，加工过程中，应注意安全。加工完毕后机床自动停机，取下工件。最后关闭电源，并对工作区域进行清理。

⚙ 任务实施——编制样板零件的加工程序

1．任务描述

在熟悉了电火花线切割加工程序基础知识后，请同学们尝试编制样板零件（见图 7-7）的加工程序。材料为 70 mm×70 mm×2 mm 的 T10 钢板。技术要求：加工程序正确，包括建立的坐标系合适、加工路线正确、坐标值计算无误、计数方向正确、计数长度准确、加工指令正确等

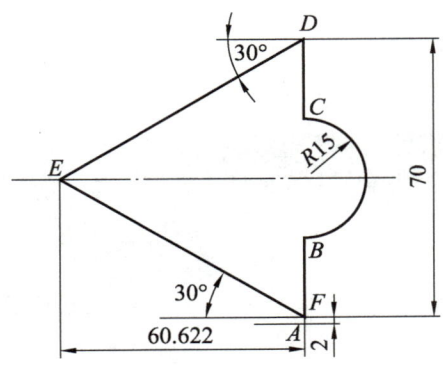

图 7-7　样板零件

2．任务准备

检验数控线切割机床能否正常工作，包括以下几点。

（1）检验金属丝能灵活移动；检验工作台能否灵活地往复运动。

（2）检验步进电机运转是否正常，检查换向时脉冲电源是否自行切断，检查限位开关能否使步进电

机停止工作。

（3）检查移动动作与输入信号是否一致。

3．实施过程

编制样板零件的加工程序时，首先确定加工路线，以 A 点为切入点，加工路线为 $A \to F \to B \to C \to D \to E \to F \to A$；然后确定各点坐标，其中 $A(0,0)$，$F(0,2)$，$B(0,22)$，$C(0,52)$，$D(0,72)$，$E(-60.622,37)$；最后编制加工程序，并将样板零件的加工程序填入表7-2。

表7-2　样板零件的加工程序

序号	B	X	B	Y	B	J	G	Z
1	B		B		B			
2	B		B		B			
3	B		B		B			
4	B		B		B			
5	B		B		B			
6	B		B		B			
7	B		B		B			

任务二　认识激光加工

任务引入

小辛是一位电脑硬件爱好者，他知道一台小小的主机能够实现多种功能的关键是主板。他看到在主板上有众多微小的焊点，于是通过查阅相关资料，了解到激光焊接实现了这些焊点的精准焊接，如图7-8所示。激光焊接是激光加工的重要应用之一，除此之外，激光加工还可实现打孔、切割、打标等应用，其加工精度和质量很高，在生产和生活中具有广泛的应用。

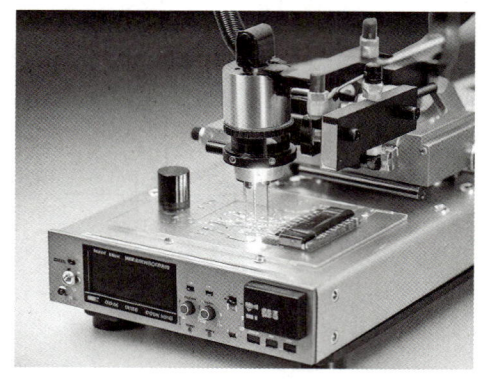

图7-8　激光焊接主板

想一想：什么是激光加工？

一、激光加工概述

激光加工

激光加工是指采用功率密度极高的激光束照射工件的被加工部位，使其材料瞬间熔化或蒸发，并在冲击波作用下，将熔融物质喷射出去，从而对工件进行穿孔、蚀刻和切割，或采用功率密度较小的激光束使处在加工区域的材料熔融黏合，对工件进行焊接的方法。

1. 激光加工的分类与应用

激光加工作为一种基于激光束能量的非接触式加工技术，应用十分广泛。根据用途不同，激光加工可分为激光打孔、激光切割、激光焊接、激光打标等。

1）激光打孔

激光打孔是利用高功率密度的激光束照射工件，照射点处的材料温度急剧上升，使材料迅速熔化、汽化或达到燃点，形成孔洞，同时以高速气流将熔化或燃烧的材料吹走，实现打孔的操作。激光打孔广泛应用于航空、电子等领域，如火箭发动机和柴油机喷嘴的加工、仪表中宝石轴承的打孔、金刚石拉丝模的加工等。

2）激光切割

激光切割是利用高功率密度的激光束照射工件，使工件形成孔洞后，随着激光束与工件的相对移动，在工件上形成切缝，实现切割的操作。激光切割广泛应用于汽车和航空等领域，如汽车车身面板的切割、航空发动机叶片的切割等。

3）激光焊接

激光焊接是利用较小功率密度的激光束，将工件结合处烧熔黏合在一起实现焊接的操作。激光焊接具有加工迅速、热影响区小、焊缝深宽比大、没有焊渣等优点，可以实现不同材料之间的焊接，广泛应用于微电子、珠宝首饰、航空航天、汽车制造等领域。例如，在微电子领域，激光焊接可用于集成电路封装、引线框架焊接等。

4）激光打标

激光打标是利用高能激光束在物体表面刻印标记或图案的操作。激光打标具有标记清晰持久、精度高等特点，广泛应用于电子产品、医疗器械、食品包装、汽车零部件等领域。

2. 激光加工的工艺特点

激光加工具有以下工艺特点。

（1）适应性强。激光加工几乎可以对所有金属材料和非金属材料进行加工，特别适用于坚硬材料和难熔材料的微小孔的加工。

（2）加工效率高。与传统机械加工方法相比，激光切割可将加工效率提高 8～20 倍，激光焊接可将加工效率提高 30 倍，而激光打孔对加工效率的提高更显著。一般情况下，金刚石拉丝模用传统机械加工方法打孔需要 24 h，用激光打孔则只需要 2 s，加工效率提高了四万多倍。

（3）加工质量好。由于激光加工具有功率密度高、作用时间短和不用直接接触等特点，对工件进行局部加工时，不会对工件造成挤压，且热影响区小，因此激光加工无机械变形，热变形小，加工精度可达到 0.1 mm。同时，激光加工是根据电脑输出的图样进行加工的，可保证同批次的加工效果完全一致。

（4）经济效益好。激光加工可通过编程将不同形状的产品进行原材料的套裁，最大限度地提高材料利用率，大大降低了材料成本。同时，激光加工不需要任何模具，大大降低了生产成本。

3．激光加工设备组成

激光加工设备主要由激光器、电源、光学系统及机械系统四部分组成。

（1）激光器能将电能转变为光能，产生激光束。

（2）电源能为激光器提供所需要的能量。

（3）光学系统包括激光聚焦系统和观察瞄准系统，具有聚焦激光束、观察和调整焦点位置的作用。

（4）机械系统包括床身、工作台和机电控制系统等。

二、激光加工的操作步骤

激光加工的操作步骤主要包括以下内容。

1．准备材料

准备需要加工的材料。首先选择合适的加工材料，然后对其进行清洁和预处理，确保表面平整、无杂质和涂层。

2．导入图形

通常使用计算机辅助设计软件（如 AutoCAD）制作图形，并将图形文件导入激光控制软件（如RDWorksV8）中，生成激光头的运动路径和加工参数。

3．设置机器

将加工材料放置于激光器的工作台上，并根据加工要求进行机器设置，包括调整激光功率、频率、速度、焦距等加工参数，以确保最佳的加工效果。

4．开始加工

一切准备就绪后，开始进行激光加工。将激光头对准加工区域，并启动激光器。激光束通过激光头后集中在小范围内，使材料蒸发或熔化，从而实现打孔、切割等加工效果。

5．监测和调整

在加工过程中，需要密切监测加工效果，并根据需要进行调整。通过调整激光功率、速度、焦距等加工参数，确保加工质量和精度。

6．清理工作

加工完成后，关闭激光器，取出工件并进行后续的清理工作，包括清除加工产生的废料和灰尘，清洗激光头和工作台，并对设备和工具进行维护和保养，以确保其具有良好的工作状态。

此外，在进行激光加工之前，需要采取必要的安全措施，包括戴好激光防护眼镜，确保加工区域没有其他人员，以及遵守激光使用的相关规定和安全操作指南等。

任务实施——激光加工十字图案

1. 任务描述

在熟悉了激光加工的原理和操作步骤之后，请同学们尝试激光加工如图 7-9 所示的十字图案。材料为 80 mm×80 mm×2 mm 的 T10 钢板。技术要求：激光加工操作步骤正确，得到尺寸准确的图案。

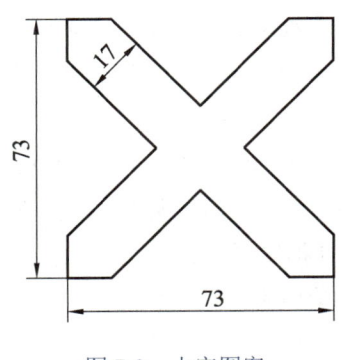

图 7-9　十字图案

2. 任务准备

绘制十字图案的 CAD 图形文件。

3. 实施过程

激光加工十字图案的操作步骤如表 7-3 所示。

表 7-3　激光加工十字图案的操作步骤

序号	操作步骤	工艺说明
1	导入图形	将 CAD 图形文件导入激光控制软件
2	放置加工材料	将加工材料正确放置在工作台上，并设置加工参数
3	加工并监测	启动激光器并监测加工过程
4	完成加工	关闭激光器，取出工件，并用工具检测工件尺寸是否符合要求，最后清理工作台等

 工匠精神

激光焊接，精准无缝

孙红梅是第五七一三工厂一级技术专家。她专攻航空发动机焊修技术，先后维修航空发动机 600 多台，研发 10 余项核心修理技术，攻克 60 多项技术难题，获得 6 项发明专利。孙红梅于 2019 年被评为大国工匠年度人物，2020 年被评为全国劳模。

1999 年，孙红梅毕业于西安理工大学材料科学与工程学院焊接专业。"我要去部队工厂，为国防事业做贡献！"从小就有从军梦想的她一头扎进了处于深山荒野的工厂。

2002 年，在修复某型发动机有磨损故障的涡轮叶片时，由于需要焊接的部位是个棱边，形状不规则，最厚的部位大约 1 mm 厚，最薄的部位只有 0.3 mm 厚，焊接时特别容易焊塌了。"当时，厂里的老师傅们都说这叶片焊不了，一焊就裂。"孙红梅提到。如果焊接失败，会造成每个叶片 3 000 多元的损失，还会耽误生产进度。

孙红梅不愿放弃，她整天围着堆满厂房的发动机"转圈"，拿着发动机叶片认真观察，一方面认真查阅相关资料，一方面反复尝试试验。一天下来，孙红梅常常汗流浃背，耳朵嗡嗡响，眼睛也常被电弧光打伤，她说："那时候一闭眼就刺痛难忍，泪流不止，整晚都睡不成觉……"在不断努力下，她发现只要控制好焊接电流参数就能实现叶片焊接。但她也意识到采用普通焊接方法焊接这种精密的零件十分困难。

此后，孙红梅和团队从零开始，掌握了激光焊接技术，实现了"无变形焊接"。他们将经验编写成《激光焊接工艺标准与质量检验标准》，并推广激光焊接。

2013 年，一批某型军用飞机发动机机匣损坏，国内没有成功修复先例。孙红梅请缨维修，检查后发现故障点多发生在腔内视线盲区。"我们要从外部摸排、准确判断故障位置，微创'解剖'不污染内腔，确定漏点定位、实现精准焊接，复原'缝合'以防变形。"孙红梅介绍，这 4 个关键步骤环环相扣，其间任何一个小失误都会造成产品报废。

她每天沉浸在机匣的研究中，一天突然灵光一现——做一把长柄小镜子找故障，再做一把小焊枪，把钨极弯一下，就可以焊到腔内故障了。于是她手持小焊枪，眼睛紧盯着长柄小镜子反射出来的内壁情况，在漏点高温熔化至液态金属滴落前的瞬间，迅速加焊丝将其堵住，待排除内部漏点后，再将机匣上的"窗口"补片焊牢。整个过程中，将附近轴承座变形误差控制在 0.003 mm。这些修复后的发动机机匣，不论是性能还是使用寿命，与原来的零件基本没有区别。最终她掌握了这套给发动机机匣做"手术"的激光焊接方法。

在军工领域专注地投入，为国防事业默默地奉献，孙红梅在车间静静地干了二十余年，从点滴突破中感受创新的乐趣，也从精益求精中享受内心的安宁。

（资料来源：吴君、汪伟兵，《航空发动机焊修技术专家孙红梅——激光焊接 精准无缝》，

人民日报，2021 年 11 月 16 日）

项目综合实训——加工五角星图案

1. 实训描述

请同学们选择合适的加工方法尝试加工如图 7-10 所示的五角星图案，其外接圆尺寸为 $\phi 20$ mm，毛坯材料为 45 钢，尺寸为 30 mm×40 mm×2 mm。技术要求：加工程序合理，切割出的五角星尺寸准确。

图 7-10　五角星图案

2．实训内容

通过综合分析加工材料和五角星图案，确定采用电火花线切割加工。

1）加工工具和设备

加工工具和设备主要有游标卡尺、往复走丝机床、钼丝、游标卡尺等。

2）操作步骤

（1）操作前的准备工作。检查往复走丝机床各部件是否能正常工作。

（2）工件装夹。如图 7-11 所示，确定五角星图案在毛坯上的位置与毛坯材料的装夹部位，其中，O 点为穿丝孔，A 点为起割点，O 点与 A 点的距离为 4 mm。

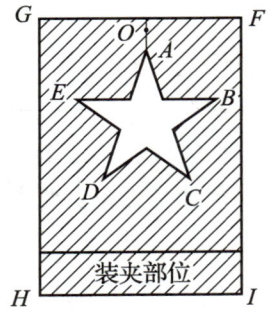

图 7-11　确定五角星图案在毛坯上的位置与装夹部位

（3）上丝与穿丝。将钼丝从丝盘绕到往复走丝机床的贮丝筒上，然后从贮丝筒取下钼丝端头，通过上导轮穿过穿丝孔 O，再经下导轮引向贮丝筒。

（4）编制程序。

① 确定加工路线。如图 7-12 所示，该五角星图案的加工路线为 $O \rightarrow A \rightarrow A_1 \rightarrow B \rightarrow B_1 \rightarrow C \rightarrow C_1 \rightarrow D \rightarrow D_1 \rightarrow E \rightarrow E_1 \rightarrow A \rightarrow O$。

② 确定各点坐标。如图 7-12 所示，请根据已标出各点的坐标，填写其余点的坐标。

③ 编制五角星图案的加工程序，完成表 7-4。

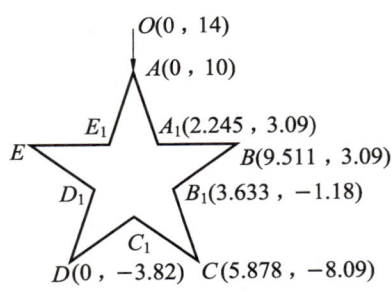

图 7-12　确定加工路线和各点坐标

表 7-4　五角星图案的加工程序

序号	B	X	B	Y	B	J	G	Z
1	B		B		B			
2	B		B		B			
3	B		B		B			

表 7-4（续）

序号	B	X	B	Y	B	J	G	Z
4	B		B		B			
5	B		B		B			
6	B		B		B			
7	B		B		B			
8	B		B		B			
9	B		B		B			
10	B		B		B			
11	B		B		B			
12	B		B		B			

（5）加工。启动往复走丝机床开始加工，完成后取走工件，关闭电源并打扫卫生。

（6）检验。检验加工出的五角星图案的尺寸是否符合要求。

项目考核

1. 填空题

（1）电火花线切割主要应用于_____、_____及_____的加工。

（2）计数长度 J 为被加工直线或圆弧在计数方向的坐标轴上投影的_____总和，单位为_____。

（3）加工指令 Z 分为_____和_____两大类，用来指明加工直线或圆弧的类型。在第一象限时，直线记作_____，顺圆记作_____，逆圆记作_____。

（4）激光加工是指采用功率密度极高的激光束照射工件的被加工部位，使其材料_____，并在冲击波作用下，将熔融物质喷射出去，从而对工件进行_____、_____和_____，或采用功率密度较小的激光束使处在加工区域的材料熔融黏合，对工件进行焊接的方法。

（5）激光加工的特点有_____、_____、_____和_____。

（6）激光器能将电能转变为_____，产生_____。

2. 选择题

（1）激光加工设备中机械系统不包括_____。　　　　　　　　　　　　　　　　（　　）

　　A．床身　　　　　　　B．工作台　　　　　C．聚焦系统　　　　D．机电控制系统

（2）激光加工的操作步骤不包括_____。　　　　　　　　　　　　　　　　　　（　　）

　　A．材料准备　　　　B．导入图形　　　　C．机器设置　　　　D．绘制图形

（3）在激光加工过程中，需要密切监测加工效果，并根据需要进行调整。可以调整的加工参数不包括_____。　　　　　　　　　　　　　　　　　　　　　　　　　　　　　　（　　）

　　A．激光头的运动路径　　　　　　　　B．速度

　　C．激光功率　　　　　　　　　　　　D．焦距

3．判断题

（1）编制电火花线切割加工程序时，采用平面二维坐标系，坐标原点为工件中心点，不随程序段的不同而变化。　　　　　　　　　　　　　　　　　　　　　　　　　　　　　　（　　）

（2）在编制电火花线切割加工程序的过程中，加工直线时计数方向取其终点靠近的那一坐标轴，加工圆弧时则相反。　　　　　　　　　　　　　　　　　　　　　　　　　　　　　　（　　）

（3）激光加工完成后，无须清理工作台。　　　　　　　　　　　　　　　　　　（　　）

4．问答题

（1）简述电火花线切割加工的原理。

（2）简述电火花线切割加工程序的格式及各字母的含义。

（3）简述电火花线切割加工在操作前准备工作的内容。

（4）简述激光加工的分类及应用。

项目评价

指导教师根据学生的实际学习成果对其进行评价，学生配合指导教师共同完成学习成果评价表，如表 7-5 所示。

表 7-5　学习成果评价表

姓名：　　　　　　　　组号：　　　　　　　　指导教师：

评价项目	评价内容	满分/分	评分/分		
			自评	互评	师评
知识（30%）	了解电火花线切割加工的原理及编程基础	7			
	熟悉电火花线切割加工的操作步骤	9			
	了解激光加工的分类与应用、工艺特点及设备组成	7			
	熟悉激光加工的操作步骤	7			
技能（50%）	能够编制样板零件的加工程序	15			
	能够激光加工十字图案	15			
	能够加工五角星图案	20			
素养（20%）	积极参加实习活动，主动学习、思考、讨论	5			
	认真负责，按时完成学习任务	5			
	团结协作，与组员之间密切配合	5			
	服从指挥，遵守实习纪律	5			
合计		100			
总评	自评（20%）＋互评（20%）＋师评（60%）＝		综合等级：		
自我评价					
指导教师评价					

参考文献

［1］崔立辉等．金工实习［M］．北京：石油工业出版社，2021．

［2］曹伟，张萍，徐利云．特种加工技术［M］．2版．北京：北京理工大学出版社，2021．

［3］马胜梅，高美兰．金工实习［M］．2版．北京：机械工业出版社，2020．

［4］杨广明，黄晓燕，卢杰．金工实训［M］．重庆：重庆大学出版社，2020．

［5］赵显日．金工实习［M］．北京：化学工业出版社，2012．

实习工单

目 录
CONTENTS

项目工单 1——铸造实习 …………………………………………………… 1

项目工单 2——焊接实习 …………………………………………………… 5

项目工单 3——钳工实习 …………………………………………………… 9

项目工单 4——车工实习 …………………………………………………… 13

项目工单 5——铣工实习 …………………………………………………… 17

项目工单 6——数控加工实习 ……………………………………………… 21

项目工单 7——电火花线切割加工与激光加工实习 ……………………… 25

⚙ 项目工单 1——铸造实习

1. 工作描述

本次实习的主要工作任务是铸造一个零件或毛坯，请根据实际实习内容，确定要铸造零件或毛坯的名称和材料。

要铸造的零件或毛坯名称：_____；

材料：_____。

2. 学生分组

以 3～4 人为一组，选出组长并进行任务分工，将小组成员及分工情况填入表 1-1 中。

表 1-1　小组成员及分工情况

小组成员	姓名	任务分工
组长		
组员		

3. 知识准备

在开始铸造实习之前，需要初步掌握铸造工艺的理论知识和操作步骤，请各组组长组织组员收集相关资料，回答以下几个问题。

（1）造型材料有哪些？

（2）简述铸造生产的优点和缺点。

（3）简述开炉与浇注时的注意事项。

（4）简述铸造实习中所用型砂和芯砂的组成。

（5）铸件的检验包括哪些？

4．工具准备

将铸造实习过程中所需的工具填入表 1-2 中。

表 1-2　铸造实习过程中所需的工具

序号	名称	数量	备注

5．小组讨论

（1）每个小组成员阐述自己制订的工作计划。
（2）小组成员之间进行讨论，选出本组最佳工作计划。
（3）指导教师根据各组完成情况进行点评。

6．工作实施

根据表 1-3 中的操作步骤完成铸造实习任务，并将操作要点和用到的设备、工具补充完整。

班级_____　　姓名_____　　学号_____

表 1-3　工作实施过程

序号	操作步骤	操作要点	用到的设备、工具
1	配型砂		
2	安放下半模样及下砂箱		
3	填型砂并舂实		
4	修整并翻型		
5	安放上半模样和上砂箱		
6	修整砂箱并做好定位记号		
7	开箱并起模		

班级_____   姓名_____   学号_____

表 1-3（续）

序号	操作步骤	操作要点	用到的设备、工具
8	修整并合型		
9	熔炼并浇注		
10	落砂与清理		
11	检验铸件		

7. 心得体会

_____

_____

_____

_____

_____

_____

_____

_____

_____

_____

_____

_____

⚙ 项目工单 2——焊接实习

1. 工作描述

本次实习的主要工作任务是焊接一个零件，请根据实际实习内容，确定要焊接零件名称和材料。

要焊接的零件名称：_____；

材料：_____。

2. 学生分组

以 3~4 人为一组，选出组长并进行任务分工，将小组成员及分工情况填入表 2-1 中。

表 2-1　小组成员及分工情况

小组成员	姓名	任务分工
组长		
组员		

3. 知识准备

在开始焊接实习之前，需要初步掌握焊接工艺的理论知识和操作步骤，请各组组长组织组员收集相关资料，回答以下几个问题。

（1）简述焊接的注意事项。

（2）简述焊条电弧焊的特点。

（3）简述焊条中的药皮在焊接过程中的作用。

（4）简述气焊过程中点火和调节火焰的注意事项。

（5）焊接生产中，常见的焊接缺陷有哪些？通过什么方法可以检测到焊件内部的缺陷？

4．工具准备

将焊接实习过程中所需的工具填入表 2-2 中。

表 2-2　焊接实习过程中所需的工具

序号	名称	数量	备注

5．小组讨论

（1）每个小组成员阐述自己制订的工作计划。

（2）小组成员之间进行讨论，选出本组最佳工作计划。

（3）指导教师根据各组完成情况进行点评。

6．工作实施

根据表 2-3 中的操作步骤完成焊接实习任务，并将操作要点和用到的设备、工具补充完整。

表 2-3　工作实施过程

序号	操作步骤	操作要点	用到的设备、工具
1	焊前清理		
2	装配与定位		

班级_____ 　　 姓名_____ 　　 学号_____

表 2-3（续）

序号	操作步骤	操作要点	用到的设备、工具
3	打底焊		
4	填充焊		
5	盖面焊		
6	检验		

7. 心得体会

_____

_____

_____

_____

_____

_____

_____

_____

⚙ 项目工单 3——钳工实习

1. 工作描述

本次实习的主要工作任务是加工一个零件或毛坯，请根据实际实习内容，确定要加工零件或毛坯的名称和材料。

要加工的零件或毛坯名称：_____；

材料：_____。

2. 学生分组

以 3～4 人为一组，选出组长并进行任务分工，将小组成员及分工情况填入表 3-1 中。

表 3-1　小组成员及分工情况

小组成员	姓名	任务分工
组长		
组员		

3. 知识准备

在开始钳工实习之前，需要初步掌握钳工的理论知识和操作步骤，请各组组长组织组员收集相关资料，回答以下几个问题。

（1）简述锯削的步骤？

（2）简述锉刀的分类。

（3）简述钻孔的操作步骤。

（4）简述铰孔的方法。

（5）简述套螺纹的操作方法。

4．工具准备

将钳工实习过程中所需的工具填入表 3-2 中。

表 3-2　钳工实习过程中所需的工具

序号	名称	数量	备注

5．小组讨论

（1）每个小组成员阐述自己制订的工作计划。

（2）小组成员之间进行讨论，选出本组最佳工作计划。

（3）指导教师根据各组完成情况进行点评。

6．工作实施

根据表 3-3 中的操作步骤完成钳工实习任务，并将操作要点和用到的设备、工具补充完整。

表 3-3　工作实施过程

序号	操作步骤	操作要点	用到的设备、工具
1	备料		
2	去毛刺		
3	划线		
4	打样冲眼		
5	锯削		
6	锉削		
7	斜面加工		

表 3-3（续）

序号	操作步骤	操作要点	用到的设备、工具
8	倒角		
9	钻孔并倒角		
10	攻螺纹		
11	抛光		
12	检测		

7．心得体会

_____

_____

_____

_____

_____

_____

_____

_____

_____

_____

_____

_____

项目工单 4——车工实习

1．工作描述

本次实习的主要工作任务是加工一个零件，请根据实际实习内容，确定要加工零件的名称和材料。

要加工的零件名称：＿＿＿＿＿＿＿＿＿＿＿＿＿＿＿＿＿＿＿＿＿＿＿＿＿＿；

材料：＿＿＿＿＿＿＿＿＿＿＿＿＿＿＿＿＿＿＿＿＿＿＿＿＿＿＿＿＿＿＿＿。

2．学生分组

以 3～4 人为一组，选出组长并进行任务分工，将小组成员及分工情况填入表 4-1 中。

表 4-1　小组成员及分工情况

小组成员	姓名	任务分工
组长		
组员		

3．知识准备

在开始车工实习之前，需要初步掌握车工的理论知识和操作步骤，请各组组长组织组员收集相关资料，回答以下几个问题。

（1）简述卧式车床的组成及各组成部分的作用。

（2）简述车外圆的操作步骤。

班级__________　姓名__________　学号__________

（3）说明钻孔前先车削端面的原因。

（4）简述车沟槽的操作步骤。

（5）简述车外螺纹的操作步骤。

4．工具准备

将车工实习过程中所需的工具填入表 4-2 中。

表 4-2　车工实习过程中所需的工具

序号	名称	数量	备注

班级__________ 姓名__________ 学号__________

5．小组讨论

（1）每个小组成员阐述自己制订的工作计划。

（2）小组成员之间进行讨论，选出本组最佳工作计划。

（3）指导教师根据各组完成情况进行点评。

6．工作实施

根据表 4-3 中的操作步骤完成车工实习任务，并将操作要点和用到的设备、工具补充完整。

表 4-3　工作实施过程

序号	操作步骤	操作要点	用到的设备、工具
1	用三爪卡盘和顶尖装夹工件		
2	粗车外圆		
3	精车外圆		
4	车退刀槽		
5	车外螺纹		

表 4-3（续）

序号	操作步骤	操作要点	用到的设备、工具
6	车圆锥面		
7	切断		
8	车端面		
9	检测		

7. 心得体会

_____

_____

_____

_____

_____

_____

_____

_____

_____

_____

_____

⚙ 项目工单 5——铣工实习

1．工作描述

本次实习的主要工作任务是加工一个零件，请根据实际实习内容，确定要加工零件的名称和材料。

要加工的零件名称：_____；

材料：_____。

2．学生分组

以 3～4 人为一组，选出组长并进行任务分工，将小组成员及分工情况填入表 5-1 中。

表 5-1　小组成员及分工情况

小组成员	姓名	任务分工
组长		
组员		

3．知识准备

在开始铣工实习之前，需要初步掌握铣削加工的理论知识和操作步骤，请各组组长组织组员收集相关资料，回答以下几个问题。

（1）简述铣床的组成。

（2）常用的带孔铣刀有哪些？

（3）常用的带柄铣刀有哪些？

（4）简述铣封闭槽的注意事项。

（5）铣窄槽时，对刀的方法有哪些？

4．工具准备

将铣工实习过程中所需的工具填入表 5-2 中。

表 5-2   铣工实习过程中所需的工具

序号	名称	数量	备注

班级__________ 姓名__________ 学号__________

5．小组讨论

（1）每个小组成员阐述自己制订的工作计划。

（2）小组成员之间进行讨论，选出本组最佳工作计划。

（3）指导教师根据各组完成情况进行点评。

6．工作实施

根据表 5-3 中的操作步骤完成铣工实习任务，并将操作要点和用到的设备、工具补充完整。

表 5-3 工作实施过程

序号	操作步骤	操作要点	用到的设备、工具
1	铣平面		
2	铣斜面		
3	铣半通槽		
4	铣封闭槽		

班级__________　姓名__________　学号__________

表 5-3（续）

序号	操作步骤	操作要点	用到的设备、工具
5	去毛刺		
6	检验		

7．心得体会

____

____

____

____

____

____

____

____

____

____

____

____

____

____

____

____

____

____

⚙ 项目工单 6——数控加工实习

1. 工作描述

本次实习的主要工作任务是加工一个零件，请根据实际实习内容，确定要加工零件的名称和材料。

要加工的零件名称：_____；

材料：_____。

2. 学生分组

以 3～4 人为一组，选出组长并进行任务分工，将小组成员及分工情况填入表 6-1 中。

表 6-1　小组成员及分工情况

小组成员	姓名	任务分工
组长		
组员		

3. 知识准备

在开始数控加工实习之前，需要初步掌握数控加工的理论知识和操作步骤，请各组组长组织组员收集相关资料，回答以下几个问题。

（1）简述数控车床的车床主体结构。

（2）简述数控铣床与普通铣床的不同之处。

（3）数控车床的常用夹具有哪些？

（4）简述数控车削加工的加工步骤。

（5）简述数控铣床的主要附件。

4．工具准备

将数控加工实习过程中所需的工具填入表 6-2 中。

表 6-2 数控加工实习过程中所需的工具

序号	名称	数量	备注

5．小组讨论

（1）每个小组成员阐述自己制订的工作计划。

（2）小组成员之间进行讨论，选出本组最佳工作计划。

（3）指导教师根据各组完成情况进行点评。

6．工作实施

根据表 6-3 中的操作步骤完成数控加工实习任务，并将操作要点和用到的设备、工具补充完整。

表 6-3　工作实施过程

序号	操作步骤	操作要点	用到的设备、工具
1	分析零件图样		
2	确定工件坐标系的原点位置		
3	确定加工工艺路线		
4	编制加工程序		

班级__________ 姓名__________ 学号__________

表 6-3（续）

序号	操作步骤	操作要点	用到的设备、工具
5	操作数控机床		
6	检验与清理		

7．心得体会

⚙ 项目工单 7——电火花线切割加工与激光加工实习

1．工作描述

本次实习的主要工作任务是加工一个零件，请根据实际实习内容，确定要加工零件的名称和材料。

要加工的零件名称：_____；

材料：_____。

2．学生分组

以 3～4 人为一组，选出组长并进行任务分工，将小组成员及分工情况填入表 7-1 中。

表 7-1   小组成员及分工情况

小组成员	姓名	任务分工
组长		
组员		

3．知识准备

在开始电火花线切割加工与激光加工实习之前，需要初步掌握其理论知识和操作步骤，请各组组长组织组员收集相关资料，回答以下几个问题。

（1）简述电火花线切割加工的适用范围。

（2）简述电火花线切割加工的操作步骤。

（3）简述激光打孔的原理。

（4）简述激光加工的工艺特点。

（5）简述激光加工的操作步骤。

4．工具准备

将电火花线切割加工与激光加工实习过程中所需的工具填入表 7-2 中。

表 7-2   电火花线切割加工与激光加工实习过程中所需的工具

序号	名称	数量	备注

5．小组讨论

（1）每个小组成员阐述自己制订的工作计划。

（2）小组成员之间进行讨论，选出本组最佳工作计划。

（3）指导教师根据各组完成情况进行点评。

6．工作实施

根据表 7-3 中的操作步骤完成电火花线切割加工与激光加工实习任务，并将操作要点和用到的设备、工具补充完整。

表 7-3　工作实施过程

序号	操作步骤	操作要点	用到的设备、工具
1	操作前准备		
2	工件装夹		
3	编制程序		
4	电火花线切割加工/激光加工		
5	检验并清理工作台		

7. 心得体会